洋経済

食糧危機は終わらない

食料価格を
不安定化させる
6つのリスク

歴史的
円安

サプライ
チェーン
途絶

家畜の
伝染病

ウクライナ
危機

新興国の
爆食

気候
変動

週刊東洋経済 eビジネス新書 No.436

食料危機は終わらない

本書は、東洋経済新報社刊『週刊東洋経済』2022年9月3日号より抜粋、加筆修正のうえ制作しています。情報は底本編集当時のものです。(標準読了時間 120分)

食料危機は終わらない　目次

【値上げラッシュ】第2波が到来

日本の食卓を襲う食料危機

「さまざまな値上げ要因がいっきに襲いかかり、万事休すとなった」

2022年5月、ローソンの看板商品「からあげクン」が値上がりした。1986年4月の発売以来、200円（税抜き）を死守してきたが、ついに220円に改定せざるをえなくなったのだ。

値上げを決めた会議の場で、担当役員の目にはうっすらと涙が浮かんでいた。商品本部の植田啓太部長は「36年間、守り続けた価格を上げるのはわれわれの努力不足と言われそうで、商品本部としても抵抗した」と話す。

「からあげクン」は外部委託工場で製造・冷凍したものを店舗で揚げ直し、包材に包んで什器に並べる。その過程のあらゆるコストが値上がりしているのだ。衣に使う小麦粉や鶏肉は国産だが、輸入小麦との価格連動や餌代上昇を受けて高騰。油、調味料のほか、包材、光熱費、輸送費、人件費にもコスト上昇の波が押し寄せた。

こうした原料高騰は過去に何度かあり、そのたびに製造工場と価格を協議した。「これまでは扱う店舗やフレーバーを増やして販売数量を拡大し、価格を据え置いてきた」(植田部長)。工場から店舗へ商品を運ぶ際に使う袋の印刷を3色刷りから2色刷りに変え、サイズも小さくする、といった涙ぐましいコスト削減を重ねて難局を切り抜けてきた。

だが今回ばかりは様相が異なる。2月下旬には製造部門から「もう限界」と悲鳴が上がり、その後何度コスト計算を繰り返しても、値上げは不可避となった。

ファミリーマートの「ファミチキ」も8月23日から1割の値上げを実施した。同社は3月に価格戦略の専門チームを立ち上げ、物価高騰に向き合う。「ファミチキ」の値上げは年明けからの課題だった。消費者に、いかに価格分の価値を感じてもらい、買ってもらうかが焦点になっていた」と商品業務部の阿部大地氏は言う。

さまざまなコスト増が値上げ要因となった「からあげクン」や「ファミチキ」だが、決定打となったのが2022年2月に勃発したロシアによるウクライナ侵攻だ。

小麦やトウモロコシ、大豆など穀物の価格は南米、北米など主要産地の不作で2020年末から21年にかけてすでに上昇していた。そこへ、世界有数の穀物輸出国であるウクライナとロシアとの戦争が起きたことで、春作物の作付け減少や港湾封鎖による輸出制限への懸念が高まった。

穀物、肉類、植物油などの価格が急騰したほか、原油高によりサトウキビがバイオ燃料に振り向けられるとの思惑が働き、砂糖価格も上昇。国際的な価格指標である「FAO食料価格指数」は、2020年には100前後だったが、22年3月には159・3と過去最高値を更新した。

国内で使われる政府売り渡しの輸入小麦は、「22年4月の価格改定時にはウクライナ危機の影響をまだほぼ受けていなかったものの、強烈な先高観が生じた」（食品業界関係者）。春から夏にかけて食品・外食全般で値上げが急増した。

政府が異例の措置

　値上げラッシュはこれで終わりではない。食料インフレが日本の食卓を襲うのはむしろこれからだ。

　帝国データバンクが2022年8月に発表した「食品主要105社」を対象とする調査によれば、10月は酒類・飲料や加工食品などをはじめ、6305品目で値上げが計画されている。2〜4月の値上げ品目数は単月で1100〜1400程度、22年で最も値上げが多かった8月の2431品目と比べても10月はその2・5倍以上。春〜夏と比べて秋の値上げ品目数の突出ぶりが際立つ。

10月に値上げが激増

食品主要105社の値上げ品目数

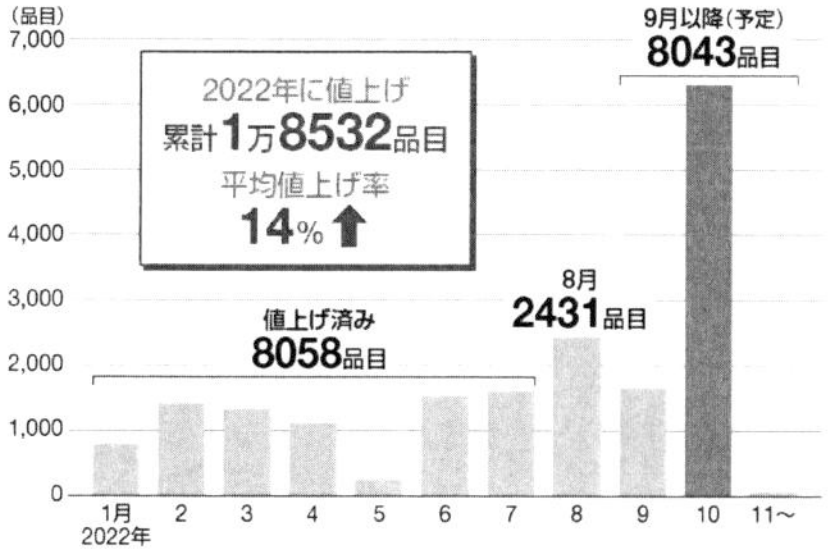

あらゆる品目で値上げ

主な食品分野 価格改定の動向

	加工食品	調味料	酒類・飲料	菓子	原材料(製粉など)
品目数(カッコ内は9月以降)	7,794 (2,334)	4,350 (2,601)	3,732 (2,753)	1,192 (257)	526 (37)
値上げ率平均	16%	14%	15%	13%	13%
原因	水産品 食肉 物流 包装資材 円安	水産品 砂糖 包装資材 円安	小麦価格 ペットボトルなど容器価格の上昇	円安 ジャガイモ 砂糖 包装資材	小麦価格 物流費 食用油
主な品目	水産加工品、ハム・ソーセージ、冷凍食品など	ドレッシング、マヨネーズ、だし製品など	甲類焼酎・チューハイ、ビール・発泡酒、炭酸飲料など	スナック菓子、チョコレート菓子、アイスクリームなど	パスタ製品、キャノーラ油、マーガリンなど

(注)品目数、値上げ率は各社発表に基づく。年内に複数回値上げを行った品目は別品目としてカウント。価格据え置き・内容量減による「実質値上げ」も含む　(出所)帝国データバンク「『食品主要105社』価格改定動向調査(8月)」

調査を手がけた帝国データバンク情報統括部の飯島大介主任は、「バブル崩壊後の過去30年間をさかのぼっても、これだけの品目が一斉に値上がりするのは初めてではないか。円安と穀物相場、原油高の3大要因が複合的に絡み合い、春を超える値上げの第2波が来るのは間違いない」と分析する。

足元の穀物相場は、8月1日のウクライナ産穀物の輸出再開を受けて騰勢が一服し、侵攻前の水準まで戻しているものの、例年と比べてなお高い水準が続く。原油高による包材・物流コストの上昇や、7月に一時1ドル＝140円目前まで進んだ歴史的円安なども重なり、企業のコスト削減努力はもはや限界に近づいている。

「夏の最需要期を終えてから値上げをしたい飲料業界や、年末の需要期より前に値上げしておきたい食品メーカーの価格戦略」（飯島氏）もあり、「値上げの秋」がやってくるのは不可避だ。

政府は食料インフレの抑え込みに躍起だ。8月15日に開いた「物価・賃金・生活総合対策本部」で、岸田文雄首相は年2回（4月と10月）改定される小麦の政府売り渡し価格を10月以降も据え置くよう指示を出した。

小麦はパンや麺類、菓子など用途が幅広く、価格改定が与える影響範囲は大きい。2021年10月の改定では19%値上がり（21年4月比）、22年4月の改定ではそこから17・3%も値上がりした。

ウクライナ危機後の相場暴騰や円安進行を反映する22年10月の改定では、「さらに20数%のプラスになるのは必至」（製粉関係者）とみられていた。小麦の政府売り渡し価格が据え置かれるのは2008年10月以来のこと。当時は輸入小麦の政府売買差益（マークアップ）を圧縮し、平均23%の値上がりを10%に抑えた。今回も同様の緊急措置となる見通しだ。

6割超を輸入に依存

終わりの見えない食料インフレは、過去に類を見ない「食料危機」となるのか。値上げラッシュの背景にあるのは、大半の食料を海外からの輸入に依存する日本の調達構造の現実だ。

2022年8月に農林水産省が発表した21年度の食料自給率は38％（カロリーベース、概算値）。食料自給率は、日本全体で供給された食料に対する国内生産の割合を示す指標で、裏返していえば、日本は海外産の農林水産物・食品に6割超を頼っていることになる。

諸外国のカロリーベースの食料自給率を見ると、穀物輸出国であるカナダ（233％）、豪州（169％）、米国（121％）が100％を超え、ドイツ（84％）、英国（70％）なども日本を大きく上回る。

ただ、農水省が毎年発表する食料自給率は日本の食料事情の一側面を示した指標にすぎない。戦後、ほぼ一貫して食料自給率が下がってきたのは、畜産物や油脂類などの消費が増え、分母に当たる供給量が増えたため。一言で言えば、食の「洋風化」によるところが大きい。

日本はカロリーベースでは最低水準

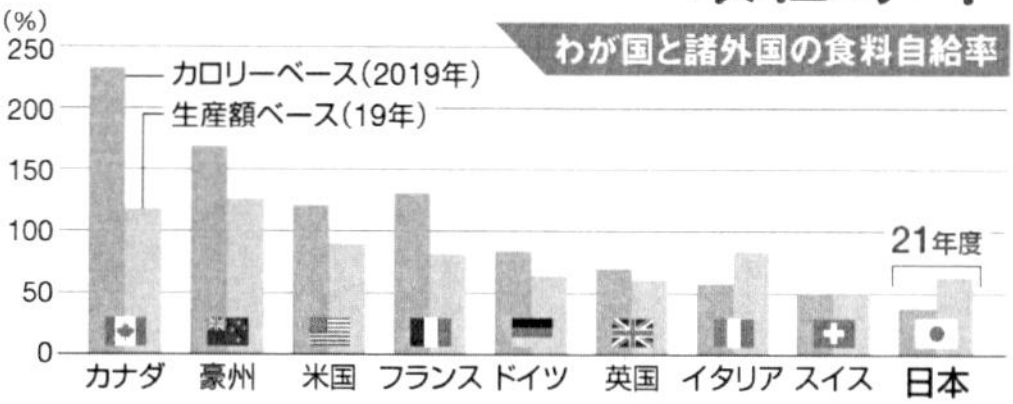

(注)諸外国は2019年、日本は21年度。アルコール類等は含まない。畜産物および加工品は輸入飼料・原料を考慮して計算　(出所)農林水産省の試算

食の「洋風化」が進み自給率低下

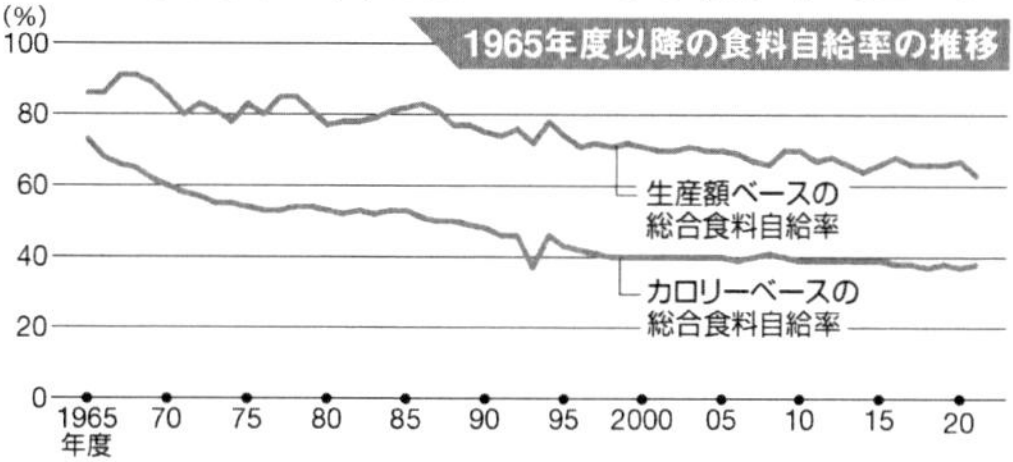

(注)食料自給率は分子を国内生産、分母を国内消費仕向として計算。国内の食料全体の供給に対する国内生産の割合を示す　(出所)農林水産省

日本がコメ以外の主要穀物を輸入に依存しているのは事実だが、輸入先を見ると政情が安定している米国、カナダ、豪州、ブラジルの上位4カ国合計で供給カロリーの47%を賄う。国産と合わせると食料供給の85%を占める。

ロシア産やウクライナ産の穀物は主に北アフリカや中東に輸出されるため、ウクライナ危機の直接的な影響は日本にはない。食料の多くを輸入に頼る日本は、価格面でつねに複合的なリスクにさらされるが、一部の国で懸念されているような主要穀物の輸入途絶リスクは現状では低いといえる。

一方、資源・食糧問題研究所の柴田明夫代表は、「2007～08年の食料危機は主に新興国の需要急増によるものだったが、今回は複数の供給制約が加わった。食料価格は今後、ますます不安定化していくだろう」と警鐘を鳴らす。

今回の食料危機の発端となったウクライナ戦争には終結の兆しが見えず、さらに年々被害が深刻化する気候変動やコロナ禍のサプライチェーン途絶、家畜の伝染病などのイベントリスクは農作物の生産・供給に大きな影響を及ぼす。

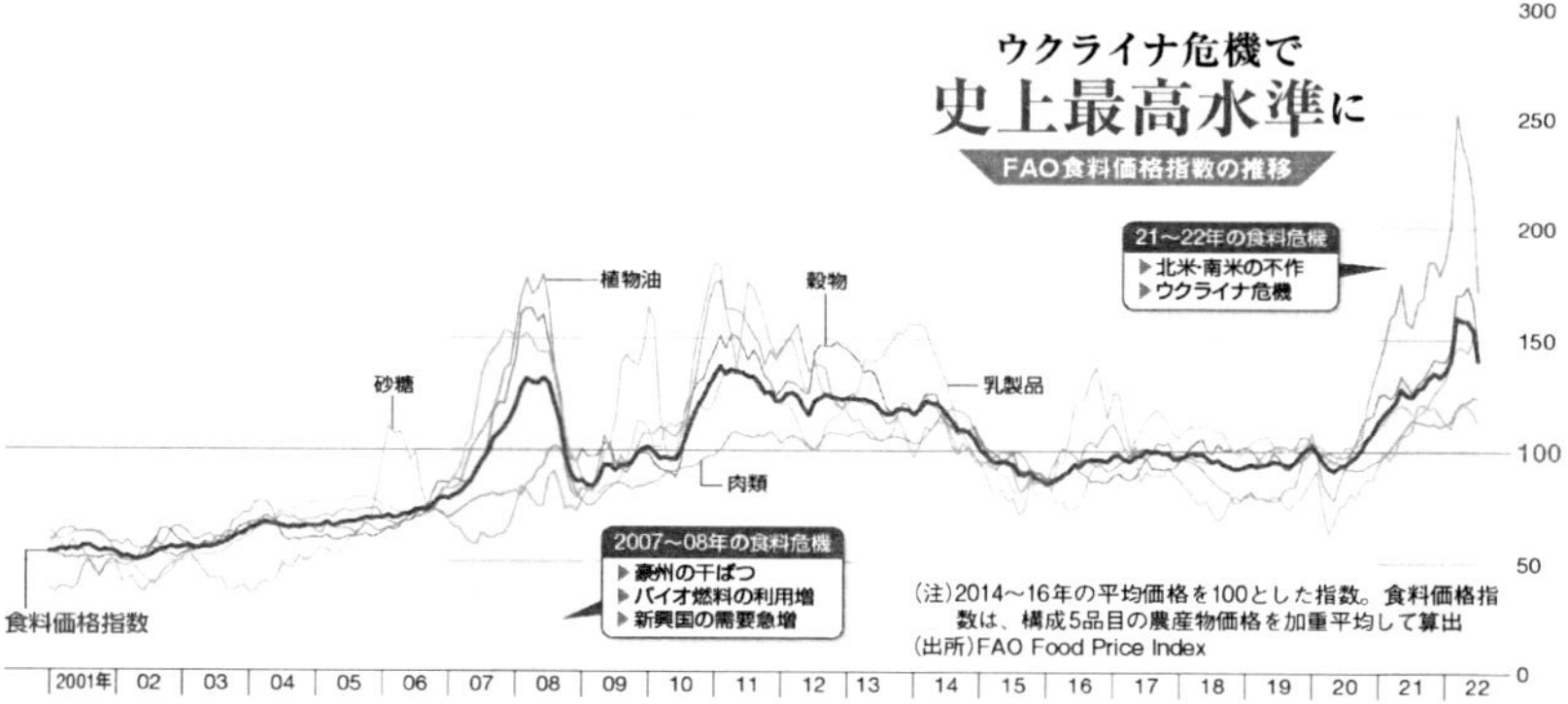

(注)2014〜16年の平均価格を100とした指数。食料価格指数は、構成5品目の農産物価格を加重平均して算出
(出所)FAO Food Price Index

食料価格高騰の〝現場〟を目の当たりにしているのが総合商社だ。丸紅穀物事業部の中澤真之部長代理は、「コロナ禍以降、中国の穀物需要は落ち着いたものの、それ以前の勢いはすごかった。中国勢と価格合戦になっていた」と話す。

ここ数年、中国での騰勢を背景にトウモロコシを主原料とした飼料の価格が急騰し、国内畜産農家の収益を圧迫している。中国などからの輸入に依存する肥料の価格高騰も深刻だ。

国際価格の変動に左右されにくい基盤をつくるためには、食料の国産化が急務。だが、国内農業は高齢化や耕作放棄など課題が山積み。自給できているコメの生産は半世紀続く減反政策で縮小し、国が奨励する小麦や大豆の生産はなかなか広がらない。日本の食料安全保障の柱である食料自給率は一向に上がる気配がない。

国内の生産基盤を立て直せなければ、日本を襲う「食料危機」はさらに深刻になるだろう。今こそ日本の食と農業を見つめ直すときが来ている。

（森　創一郎、秦　卓弥）

イオン「やせ我慢」に募る憂鬱

「多少なりともやせ我慢の必要があるのではないか」。流通大手、イオンの岡田元也会長は2022年4月、原材料高や円安が進む中での商品の値上げの是非についてこう表現していた。

その岡田会長の言葉どおり、イオンは7月、自社のプライベートブランド（PB）「トップバリュ」の小売価格に関して、カップ麺やマヨネーズなど3品目を除いて当面据え置くと発表した。キャノーラ油に至っては、「トップバリュにふさわしい価格で提供できなくなった」（同社広報）として休売する決断をした。

とはいえ、価格を据え置いた商品も、例外なく原価上昇の影響を受けている。イオンによると、以前は冷蔵車で配送していたおでんのパックを常温輸送に切り替えて輸送コストを削減したり、グループの規模を生かした一括調達で全体の原材料費を抑制したりする「企業努力」を行い、価格維持を可能にしているという。

食品メーカーの自社ブランドであるナショナルブランド（ＮＢ）の値上げラッシュが続く中、ＰＢの値上げをできるだけ回避しようとしているのはイオンに限らない。店舗数が過剰とも指摘される国内スーパー業界の競争は苛烈で、価格で競合店に見劣りすれば一気に客を奪われかねないからだ。

値上げによって客足が遠のくのは、データでも裏付けられる。スーパーの業界団体が毎月実施している景況感ＤＩ（指数）調査によれば、販売価格の上昇に反比例するように来客数が減少傾向となっているのがはっきり見て取れる。

ＮＢを中心とした値上げによって1品当たり単価が上昇する一方で、買い上げ点数の減少による客単価の低迷もスーパー各社ですでに進んでいる。そこにＰＢの値上げまで続けば、来客数の減少による業績悪化に拍車がかかりかねない。

■ 値上がりに伴いスーパーの来客数は減少

―販売価格、来客数のDI値(経営動向調査)―

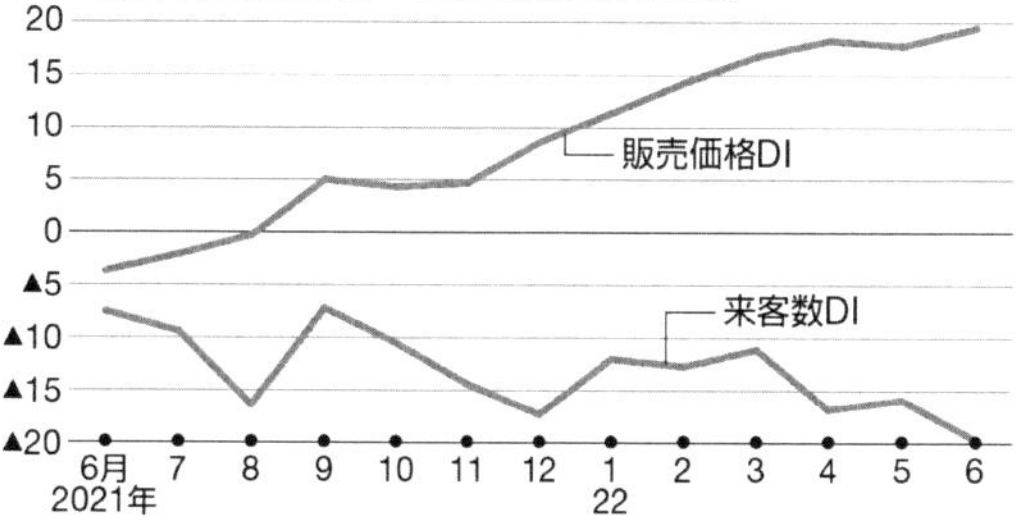

(注)回答したスーパーの経営状況を総合した経営動向調査DIの推移。▲はマイナス
(出所)全国スーパーマーケット協会、日本スーパーマーケット協会の公表資料を基に東洋経済作成

本音は「価格転嫁して」

　ただ、こうした「やせ我慢」もスーパー側の努力だけでは成り立たない。ＰＢの製造を請け負っている食品メーカー側の協力があればこそだ。

　ＰＢを展開する地方スーパー幹部も、「スーパーと食品メーカーは共存共栄の関係だ。イオンのようにほぼすべての価格を維持するのは無理だが、可能な限り値上げをしないよう、お互いに知恵を絞っている」と話す。

　食品メーカーは小売り側が求める価格を可能にするため、材料や生産方法を工夫するなどして原価低減を図っている。例えば、パンや菓子を製造する際に使われるバターの含有量を減らすといった対応もある。

　しかし、こうした関係者による創意工夫だけでは、足元では限界に達しつつあるのもまた事実だ。コスト上昇分の負担をめぐって、ＰＢを販売する小売企業と、その製造を請け負う食品メーカーが水面下で綱引きを繰り広げている。

　「コスト上昇分は小売価格に転嫁してほしいのが本音だが、メーカー側でも一定程度は負担せざるをえない」。ある食品メーカー幹部は諦め顔でそう語る。

仮にコスト負担を嫌ってＰＢの製造受託を断ったりすれば、競合他社に受注を奪われるだけだ。そのため、ある程度安値でも請け負わざるをえないという。

スーパー業界の中にも「ＰＢのコスト上昇分は小売り側が負担するのが常識。食品メーカーに一部でも負担してもらうのはおかしい」（地方スーパー幹部）という声はあるが、必ずしもそうはなっていないのが現状なのだ。

食品メーカーにとってＰＢの製造受託は、自社ブランドとして販売するＮＢと比べて薄利だ。しかもスーパーの販売現場で、安さを売りにするＰＢはＮＢのライバルでもある。ＮＢが値上げを断行する中で、イオンのようにＰＢ価格が据え置かれてしまうと、両者の価格差はさらに広がり、ＮＢはシェアを奪われてしまう。

ある食品メーカー幹部は、「大手スーパーのＰＢは安さを先導する『逆プライスリーダー』だ」と皮肉る。人気のＮＢを除けば、多くの商品カテゴリーでＰＢの比率が高まっており、食品メーカーの苦難が続いている。

■ イオンのPB「トップバリュ」と平均価格の差は拡大
—食品の平均価格推移とトップバリュの現価格—

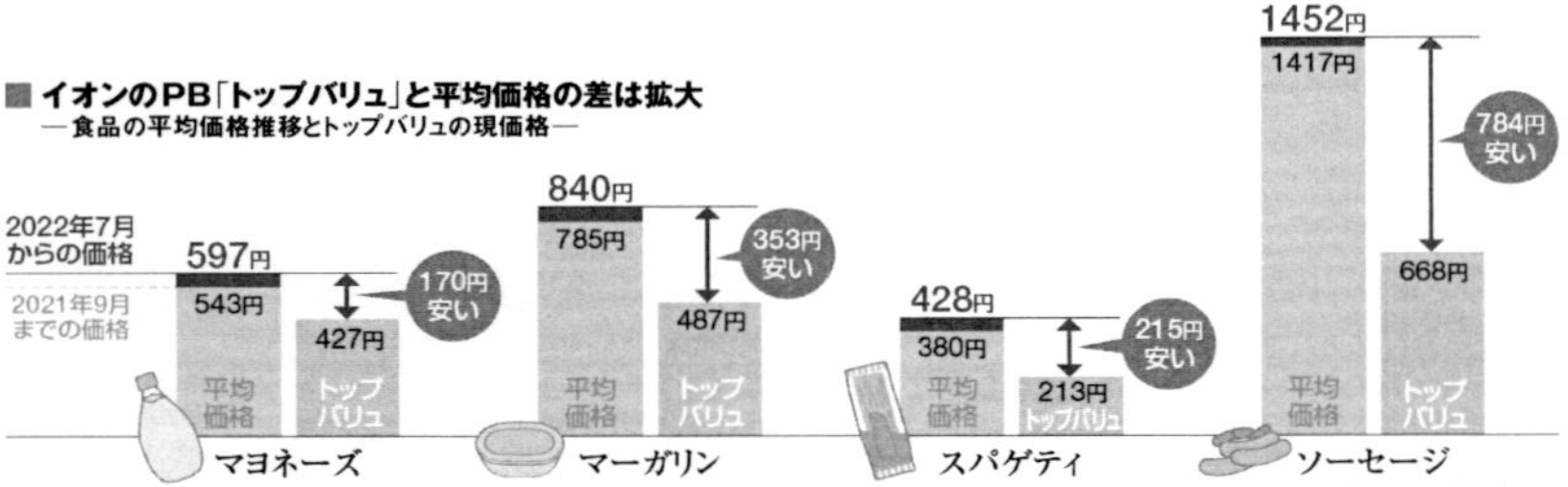

(注)トップバリュの価格は同カテゴリー内で最も安価かつ大容量の商品の価格、2022年8月現在　(出所)インテージSRI+データ、トップバリュ公式サイトを基に東洋経済作成

ＰＢ製造には利点も

だからといって、食品メーカーがＰＢ製造を断るのは難しい。そこには大きなメリットもあるからだ。その1つが、工場の稼働率を上げてくれることだ。製造数量が増えて稼働率が上昇すれば、商品の原価は下がり粗利益率は高まる。仮に製造受託したＰＢ商品の粗利が低かったとしても、そのほかの商品の儲けが増える。

また、スーパーとの関係強化という側面も見逃せない。ある食品メーカー社員は、「ＰＢ製造を受託することで、その見返りにＮＢを置く売り場の棚を広く確保してもらうということも期待できる」と話す。

ただ、コスト上昇のシワ寄せが下請けとなる食品メーカーに及びかねない状況に関して、公正取引委員会も目を光らせているもようだ。公取委は、昨今の原材料・エネルギー価格の高騰を受け、円滑な価格転嫁を推進するべく、買いたたき行為などが疑われる事業者の情報提供を各社に求めている。ある食品メーカー関係者によると、公取委から聞き取り調査もあったという。

交渉力の弱い中小メーカーに対し、小売業者が行う買いたたきへの懸念はとくに大きい。別の食品メーカー社員は、「特定のスーパーへの経営依存度が高い中小メーカーなどは、コスト負担を押し付けられることもあるだろう」と話す。

政府は輸入小麦の売り渡し価格を当面据え置く検討に入るなどの対策を進めてはいるが、あらゆる原材料価格の高騰が見込まれる中で、食品価格の上昇は待ったなしの状況だ。スーパー業界でも「春の値上げは前哨戦にすぎない」というのが一致した見方だ。

微妙な力関係でつばぜり合いを繰り広げる両業界。異常事態をどのように生き抜くのか、コスト負担をめぐる綱引きはさらに激しくなる。

（井上昌也、中野大樹）

飲料業界「脱・安売り」の厳しい現実

「デフレの象徴」とみられてきた酒類・飲料業界で、我慢の限界とばかりに値上げラッシュの秋が来た。ペットボトルやアルミ缶といった容器の原材料高などを理由に、2022年10月に一斉値上げが実施される。家庭向けでは酒類の主役であるビールが約14年ぶり、小型ペットボトル飲料に至っては約24年ぶりの値上げとなる。

長年、値上げがなかなか行われていなかった背景について、アサヒビールの塩澤賢一社長は、「お酒は嗜好品で、どうしても飲まなければいけないものではない」とその難しさを語る。

これは飲料にも通ずることだ。飲料では、メーカーが目安として設定する希望小売価格で300円台の大型ペットボトルが100円台で販売されるなど、業界全体で安売りが常態化している。

足元ではあらゆる製品が値上げラッシュとなっていることから、酒類・飲料メーカー幹部は「消費者にも値上げムードへの慣れのようなものがある。これを逃せば次はない」と異口同音に話し、安売り脱却の好機にしたいもようだ。

とはいえ、話はそう簡単ではない。2019年、飲料業界では物流費の高騰を理由に、大型ペットボトルの値上げを断行したが、その後の競争環境激化によって、一度値上がりした価格が再度下がった過去があるためだ。

今回も同様の不安がある。5月に大型ペットボトルの値上げで先行した業界首位のコカ・コーラ ボトラーズジャパンホールディングスが10円程度の値上げ幅とみられる一方、2位のサントリー食品インターナショナルは20円の値上げを基本とするなど、値上げの踏み込み具合に差が見られる。8月に行われたコカ・コーラBJHの決算説明会では、アナリストから「同じ轍を踏むのではないか」と懸念する声も聞かれた。

飲料業界の原価高騰は21年秋から深刻だったが、各社は22年10月まで値上げ時期を引っ張っている。背景には、最需要期の夏に数量を落としたくないという思惑が見え隠れする。逆にいえば、それだけ値上げの影響による数量減を恐れているというわけだ。

海外事業と広がる差

値上げの浸透に苦慮する日本市場とは対照的に、実は海外市場では大きく異なる景色が広がる。酒類・飲料ともに、日本ではようやく1度目の値上げに踏み切る段階だが、海外では2021年秋からすでに値上げが進んでおり、ベトナム、タイ、インドネシア、オーストラリアなど複数回の値上げが実施された国もあるのだ。

サントリー食品の石川一志常務は「海外では値上げが比較的容認されている環境だが、日本はデフレ環境が続いており（値上げの許容が）厳しい」と吐露する。

その差はすでに業績にも表れている。サントリー食品の第2四半期（22年1〜6月期）決算では、日本事業の利益は原材料高による粗利減少などで前年同期比34億円の減益となった。一方、海外事業は、値上げによる粗利増加で、同238億円増と大幅な増益だ。円安などの追い風もあり、海外売上比率の高い企業は国内中心の企業と比べて業績改善が顕著だ。

今後の焦点は、日本でも同様に数度の価格転嫁が進んでいくかどうかだが、10月以降の見通しは一向に立たない。サントリーホールディングスの新浪剛史社長が22年2月の決算説明会で「賃上げの原資の5割は海外事業だ」と語っていたように、業界の賃上げも国内ではなく海外事業が頼みの綱だ。

10月の値上げラッシュで、安売りの消耗戦から脱却できるか。飲料業界にとっては正念場となる。

（井上昌也）

ガストなど約100店が対象

すかいらーく「インフレ閉店」の苦境

すかいらーくホールディングス（HD）は8月12日、主力の「ガスト」の不採算店を中心に2022年末から23年にかけ約100店を閉鎖すると発表した。

新型コロナウイルスの蔓延が始まった2020年にも178店と大量閉店に踏み切った同社だが、再び大規模な止血を迫られている。急激な原材料価格の高騰が痛手になっている。22年1～6月期の決算では、売上高が前年同期比11・8％増の1415億円だったのに対し、営業損益は、前上期の4・5億円の黒字から一転、24億円の赤字に沈んだ。

期初時点ですでに、食材費や人件費、光熱費などの高騰分を含めて通期で78億円分のインフレ影響を想定していた。ところが、ウクライナ危機や上海のロックダウンなどによりその影響は当初の会社想定を超え、123億円（うち、食材高騰分が63億円）にまで引き上げた。

原材料価格の高騰に悩まされるのはほかの外食チェーンも同様だが、すかいらーくHDの苦境は著しい。

要因は、その客層と業態の特徴にある。すかいらーくHDの売上高・店舗数の4割以上を占めるガストでは、通常なら30～40代の若いファミリー層の客が5割弱を占める。ほかの外食チェーンでは4月以降、既存店の客数がコロナ禍前の水準に近づく企業も多い中、ガストでは感染を恐れた子連れ客の来店控えが続いている。コロナ禍前の19年と比べて、既存店の売上高は1～7月で33％減だ。

ガストがステーキからうどんまでをそろえた総合型の業態であることも大きい。外食機会が減る中でも「ハレの日消費」は依然底堅く、グループ内でもハワイ料理やすしなどの業態は堅調だ。一方、日常利用が多いガストは目的型来店の受け皿になりにくい。

迷走する価格戦略

業績回復に向け、すかいらーくHDも手を尽くすが、方針には迷走感がある。22年初めのメニュー改定では500〜600円台などの低価格品を拡充した。これにより客数は改善し、ドリンクバーなどの併売が増えたことで客単価は逆に上がった。

ところが7月のメニュー改定で、わずか数カ月前に投入した低価格品の一部を値上げ。その翌月に当たる今回の決算発表で、秋の再値上げも検討すると明かした。

さらに7月からは、都市型店とそれ以外とで価格を分ける戦略を導入した。秋には山手線圏内の「超都心店」でさらに値上げをし、効率化のためにメニュー数も絞り込む計画だ。低価格戦略を打ち出した直後の相次ぐ値上げは一貫性を欠くように見えるが、すかいらーくHDは「計画どおり」と説明する。「原材料の高騰という外的な要因がある中、このタイミングを逃せばもう（価格を）上げられない」（すかいらーくHD担当者）という焦りも見える。

もっとも、都心店での値上げが成功するかは未知数だ。大都市では、値上げをしていないサイゼリヤや、ファストフード、居酒屋などと競合する。「都心の居酒屋と比べれば安い」（前出の担当者）と自負するものの、都心店の需要を支える会社員は価格に敏感だ。

分析広報研究所の小島一郎チーフアナリストは「値上げするなら、価格に見合った満足感を訴求する売り方の革新が必要だ」と指摘する。すかいらーくＨＤの場合、傘下に２０超のブランドと約３０００の店舗網、１６００万人のアプリ会員を抱える。この経済圏を生かし、ガストから他業態へ転換する、グループ内で送客し合うといった仕組みを導入するなどがカギとなりそうだ。

（冨永　望）

「賃上げなき物価上昇」の行方

2022年8月15日に首相官邸で開かれた「物価・賃金・生活総合対策本部」。岸田文雄首相は、政府が輸入小麦を製粉会社に売り渡す価格を10月以降も据え置くよう指示した。

日本は国内で消費される小麦のおよそ9割を輸入に頼っている。そこで外国産小麦は、安定供給や価格変動の抑制のため政府が商社を通じて一括で購入し、製粉会社に売り渡す仕組みを取る。その売り渡し価格は半年ごとに見直される。次の10月の改定では、直近6カ月の平均買付価格などを基に算出される売り渡し価格が、20%ほど引き上げられる見通しだった。それを現水準に抑える方針だ。

価格据え置きを指示した背景について岸田首相は、「日常生活に欠かせないパンや麺類の価格高騰は切実だ」と小麦価格上昇による家計の負担を和らげる必要性を強調する。

小麦のほかにも、ガソリン店頭価格の抑制を目的に、政府は1月から石油の元売りに対して補助金を支給。4月には物価高騰への緊急対策として補助を拡充した。こうした物価高対策は家計にとって朗報だが、対策が追いつかないほど足元では物価が上昇し続けている。

物価上昇は10月がピーク

総務省が8月19日に発表した7月の消費者物価指数は、変動の大きい生鮮食品を除く総合指数（コアCPI）が前年同月比で2・4％上昇した。2％以上の上昇となるのは4カ月連続だ。物価上昇はいつまで続くのだろうか。

物価動向に詳しいニッセイ基礎研究所の斎藤太郎経済調査部長は、22年後半の物価について「10月に2・9％上昇とピークを迎える」と予測する。「原油の国際価格は落ち着き始めており、エネルギー価格は物価上昇要因ではなくなるが、食料品のコスト増による消費者への価格転嫁は足元でまだ半ばで、(22年後半も)続きそうだ」(斎藤氏)。

食料品は、流通網の「上流」に行くほど価格上昇が激しいからだ。生鮮食品を除く食料品の消費者物価指数(2020年を100とした場合)は、22年6月に103・2。対して、企業間売買の価格変動を示す飲食料品の企業物価指数は同106・1、輸入品の日本入着時の価格変動を示す輸入物価指数は同155・7と、上昇が著しい。この分が、まだ消費者物価に反映されていない。

食料品輸入額が増え続けていることも大きい。輸入額は、コロナ禍で輸入量が減って20年に低迷したのち、21年には回復している。ただ足元の輸入額拡大は、量の拡大よりも国際的な価格高騰の影響によるところが大きい。

食料品価格の値上がりは輸入品で目立つ
―消費者物価指数と飲食料品企業物価指数の推移―

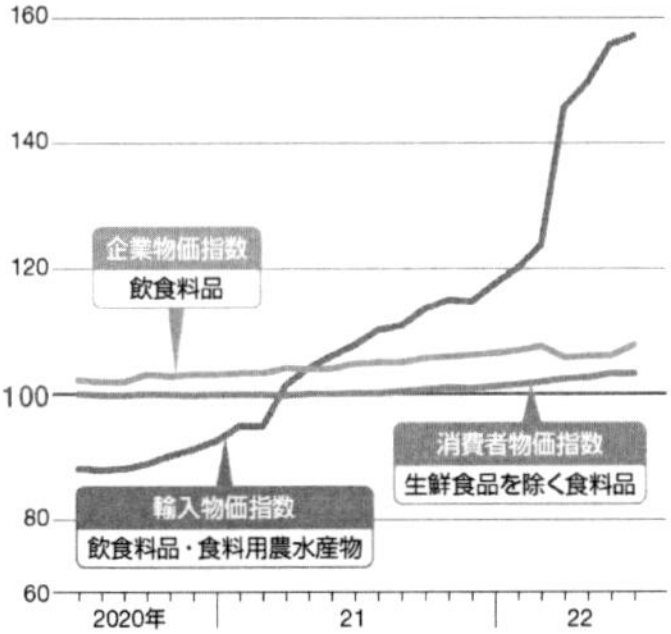

（注）企業物価指数・輸入物価指数は2022年7月のみ速報値。また20年7月～22年3月は15年平均を100とし、22年4月以降は20年平均を100とした
（出所）総務省「消費者物価指数」、日本銀行「企業物価指数」

コロナ影響から回復後に高騰
―月別食料品輸入額の推移―

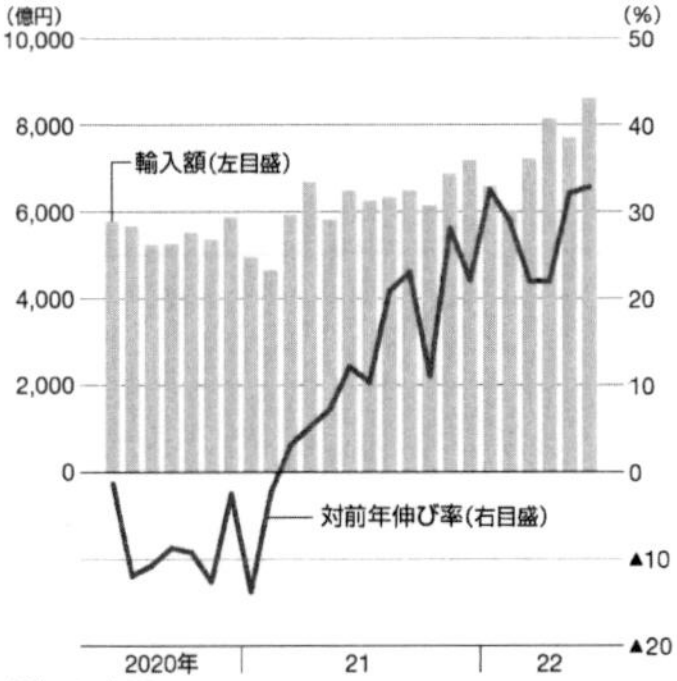

（注）▲はマイナス
（出所）財務省貿易統計を基に東洋経済作成

こうした状況を受けて、8月8日に発表された22年上半期の国際収支統計（速報）では、海外との資金決済収支を示す経常収支の黒字が前年同期比63・1%減と、過去最高の下げ幅となった。企業が海外子会社から受け取る配当金などの第1次所得収支は増えている一方で、エネルギーや食料品の価格高騰が響き、経常収支の黒字幅を縮小した格好だ。

賃上げなき物価上昇

もっとも、日本の物価上昇率は欧米よりも小さい。米国では消費者物価指数が6月に前年同月比9・1%、7月は同8・5%、ユーロ圏では7月に同8・9%とそれぞれ上昇。日本をはるかに上回る水準のインフレに見舞われている。

ただ、日本と欧米とでは事情の異なる点がある。欧米では賃金が伸び続けており、人件費を転嫁してサービス価格が上昇していることも物価高騰の背景にある。

対して日本は、労働者の賃金が上がっていない。これまで経済成長ができず、賃金を上げられなかった結果、輸入食料品の高騰という外的ショックによって「悪いインフレ」が起こっているといえそうだ。岸田首相も、「物価上昇が国民生活に大きな影響を与えている中、持続的な賃上げが重要だ」と強調している。

今回の物価上昇を今後の賃上げにつなげる好循環を生み出すことは可能なのか。斎藤氏は「23年の春闘がとても重要だ」とする。物価上昇を賃上げ要求の材料にすることができるため、景気の回復基調が維持されれば、物価も賃金も上がる環境になる可能性があるという。「海外経済の減速懸念はあるが、コロナ禍で消費が抑制されたことによる過剰貯蓄を元手に消費が伸びれば国内需要が強い状態を維持することはできる」（斎藤氏）。

一方で第一生命経済研究所の永濱利廣首席エコノミストは、「通常、インフレ局面では物価上昇前の駆け込み需要があるが、デフレマインドが染み付いた日本ではそれがない」、「先立つものがない中、23年の春闘で大幅な賃上げが実現されなければ好循環にシフトする可能性は高くない」と慎重な見方を示す。

こうした状況が続けば、「生活必需品の負担が重くなり続け、中低所得層の生活が締め付けられるスクリューフレーションに対応できない。（食料品の輸入比率を下げるため）農地集約や株式会社の農地取得自由化などの規制改革を進めて生産性向上を促し、食料自給率を上げる施策も重要だ」（永濱氏）と指摘する。

幸いにも、足元で食料価格の上昇が家計に与える影響は限定的との見方もある。前出の斎藤氏は、「コロナ禍での過剰貯蓄が、物価高による負担増分をはるかに上回る」と指摘する。

同氏の試算によれば、1世帯当たり60万円の過剰貯蓄があるのに対し、2022年度の物価高の影響は同10万円程度とみられる。また世界経済の後退懸念もあり、小麦や原油の価格はピーク時よりも下がり始めている。「23年度のコアCPI上昇率は平均1％で、年度後半にはゼロ％台になる」（斎藤氏）と上昇が落ち着くと予測している。

現在はコロナ禍の過剰貯蓄によって物価上昇の影響が抑えられている。今のうちに、その場しのぎの物価抑制策に終始せず、賃上げなど長年の日本の課題にも斬り込むことが必要だ。

今回の歴史的な物価上昇を日本経済の転換点にできるかが焦点となる。

（劉　彦甫）

長期化必至の穀物価格高騰

資源・食糧問題研究所 代表・柴田明夫

「コロナ禍」と「戦争」、これが現在、世界に突きつけられたリアリティーである。日本も例外ではない。グローバリゼーション（貿易自由化）の名の下で、食料はじめ、あらゆる重要資源を外部に依存してきた日本は、改めてその危うさに気づき出した。

とくにここ数年、世界の食料市場では、コロナ禍に加え、サバクトビバッタによる蝗害（こうがい）、欧州や北米での干ばつ・森林火災、中国南部での洪水、日本での相次ぐ豪雨被害などの要因が相互に影響を及ぼし合い、複合的な供給危機の火種となっている。このタイミングでウクライナ危機という地政学リスクが加わった。

ロシアによるウクライナ侵攻から半年が過ぎた。戦闘がウクライナ東部から南部に拡大し終結の兆しも見えない中、米シカゴ穀物市場では6月以降、ひとまず騰勢一服となっている。

ウクライナ　危機で穀物価格は一時最高値を突破
―大豆、小麦、トウモロコシの価格推移―

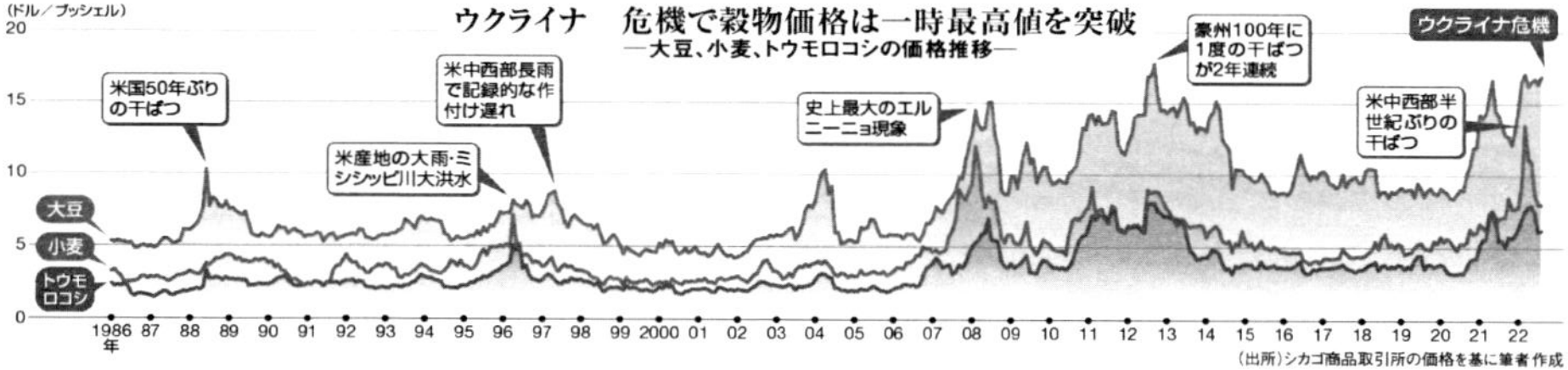

（出所）シカゴ商品取引所の価格を基に筆者作成

8月15日時点で大豆が1ブッシェル＝14・95ドル、小麦8・01ドル、トウモロコシ6・27ドルと、侵攻前の水準まで反落した。①ウクライナ産穀物の輸出再開、②干ばつ懸念があった米国の生産の順調さ、③米国の利上げ（景気後退懸念）を背景に、ヘッジファンドなどの投機筋がポジション調整（利益確定の売り）に転じたためだ。

ウクライナ産穀物の輸出が停滞し、世界的な飢餓人口拡大が懸念された問題では、ロシア、ウクライナ、トルコ、国連による4者協議が進展。7月22日に穀物輸出再開で基本合意に達した。

8月1日にウクライナ産穀物（トウモロコシ2万6000トン、レバノン向け）を輸送するバルク船の第1便がオデーサ（オデッサ）港を出発した。しかし、基本合意の翌日の7月23日にはロシア軍がオデーサの港湾施設をミサイル攻撃し、輸出再開が継続するかどうかは依然不安定な情勢だ。

「前例のない」食料危機

世界食糧計画（WFP）のデイビッド・ビーズリー事務局長は2022年7月11日、都内で記者会見し、ロシアのウクライナ侵攻を受けた世界の食料危機について、「前例のないものだ」と強調。ウクライナ危機による食料価格の高騰は長期化する可能性があると指摘した。

ビーズリー氏によると、世界の36カ国以上が穀物の6割超をロシアとウクライナに依存している。ロシアやベラルーシからの肥料供給も滞り、2023年にかけて（あるいは数年単位で）食料価格が一段と高騰するおそれがあるとしている。その場合、「食料危機が世界各地で政情不安や大量の難民・移民を生じさせかねない」（ビーズリー氏）と警告している。

WFPなど国連5機関によると、2021年の飢餓人口は8億2800万人で、前年に比べ4600万人増加した。これまでは、「アジア地域が世界の飢餓人口の減少に最も貢献した」ものの、今後は気候変動やコロナ禍にウクライナ紛争が重なり、「アジアで飢餓が広がるおそれもある」とした。事態の収拾が遅れるほど対策にかかる費用も膨らむとして「大惨事を回避するために、いま行動しなければならない」と訴えた。

筆者は、今回の「前例のない」食料危機の兆候は、すでに14年前の2008年に現れていたとみている。2007年から08年にかけて農産物価格が一斉に騰勢を強めた際には、市場関係者の間で、「アグフレーション（農産物インフレ）」という言葉が使われた。英誌『エコノミスト』は、途上国の食生活の不可逆的な変化が背景にあり、高値は長期にわたると予測した。

BRICs（ブリックス：ブラジル、ロシア、インド、中国）の急速な工業化と所得水準向上は、農産物に限らず、原油や非鉄金属などの需要を急増させ、あらゆる1次産品の価格が上昇するコモディティー・スーパーサイクルが生じた。「需要ショック」による価格上昇である。

2000年代に入り先進工業国が脱工業化する一方、中国、インド、東南アジア、中南米などの発展途上国の急速な工業化が進んだ。先進国と途上国との「コンバージェンス（収斂）」が進む過程で工業原材料や食料の需要が急増し、需要ショックが起きたことで1次産品市場に投機マネーが流入して、価格を押し上げたのだ。

その後いったん沈静化したが、20年代に入りコロナ禍を契機に、再びアグフレーションおよびコモディティー・スーパーサイクルが見られるようになった。

今回は厄介なことに、需要ショックに加え、コロナ禍による世界中のサプライチェーン（供給網）の分断や気候危機などによる供給制約、すなわち「供給ショック」によるボトルネックインフレの性格を帯びている。これに追い打ちをかけるように、ロシア・ウクライナ戦争という地政学リスクが加わった。

しかし、この14年間、日本はアグフレーションを一過性の現象と捉え、その背景にある根本原因を見極めることもせず、何ら根本的な対策を打ってこなかったのである。

日本の農業には死活問題

日本も安閑としてはいられない。食品の値上がりが止まらないためだ。食品の値上げラッシュが始まったのは2022年に入ってからだ。21年10月の政府小麦売り渡し価格の引き上げ（同4月比19％アップ）を契機としたパンやパスタなど小麦関連商品の値上げが中心であったが、今や広範囲にわたる。

国際食料価格の高騰に加えて、日本の場合、円安という問題がある。円は2022年に入りドルだけでなくユーロやポンドなど他主要通貨に対しても売られる「独歩安」となっている。年初1ドル＝110円台であった為替は、7月に入って一時139円台まで円安が進んだ。

歴史的な円安や穀物・エネルギー価格高騰の影響は、消費者だけに及ぶわけではない。農業経営者や畜産・酪農家にとっての生産コストに当たる燃料、電気、建築資材、農機具、農用被服、種苗・苗木、飼料、肥料、農薬など、農業生産資材の価格が上昇している。さらに厄介なのは、自らの商品である農産物の価格が総じて低迷していることだ。

農林水産省が毎月発表している「農業物価指数」（15年＝100）によると、2022年6月の農産物（総合）指数が前年同月比で5・3％低下したのに対して、農業生産資材（総合）指数は同8・5％上昇と、コストは上昇しているのに商品価格は低下している。

とくにコメ同▲（マイナス）16・6％、麦▲13・6％、畜産▲3・1％（鶏卵▲13・5％、生乳▲0・4％、子畜▲12・5％、成畜▲7・5％）と値を下げているのに対し、生産に必要な肥料、飼料、光熱動力は、それぞれ同＋26・7％、＋15・4％、＋14・8％と上昇し、大きな逆ザヤとなっている。

農業経営者にとって毎月こうした逆ザヤが積み重なるのは、まさに死活問題だ。畜産・酪農にとって、生産コストの約50～60％が飼料代であり、その原料であるトウモロコシの輸入価格は、この2年間で2倍以上に上昇している。

濃厚飼料（トウモロコシ、大豆油かす、高粱、大麦などが原料）の主原料であるトウモロコシの22年1～6月の累計輸入額は3383億円で前年同月比で43％増加しているが、同輸入量は753万トンで同2・1％の減少となっている。価格高騰により輸入が抑えられている格好だ。

実際、1～6月累計での平均輸入価格（1トン当たり）は4万4914円で、20年（2万2296円）から倍増している。一方で畜産価格は低迷が続く。畜産農家は「過去にない最大の危機」に直面しているといえよう。

■ 日本のトウモロコシ輸入量と輸入額

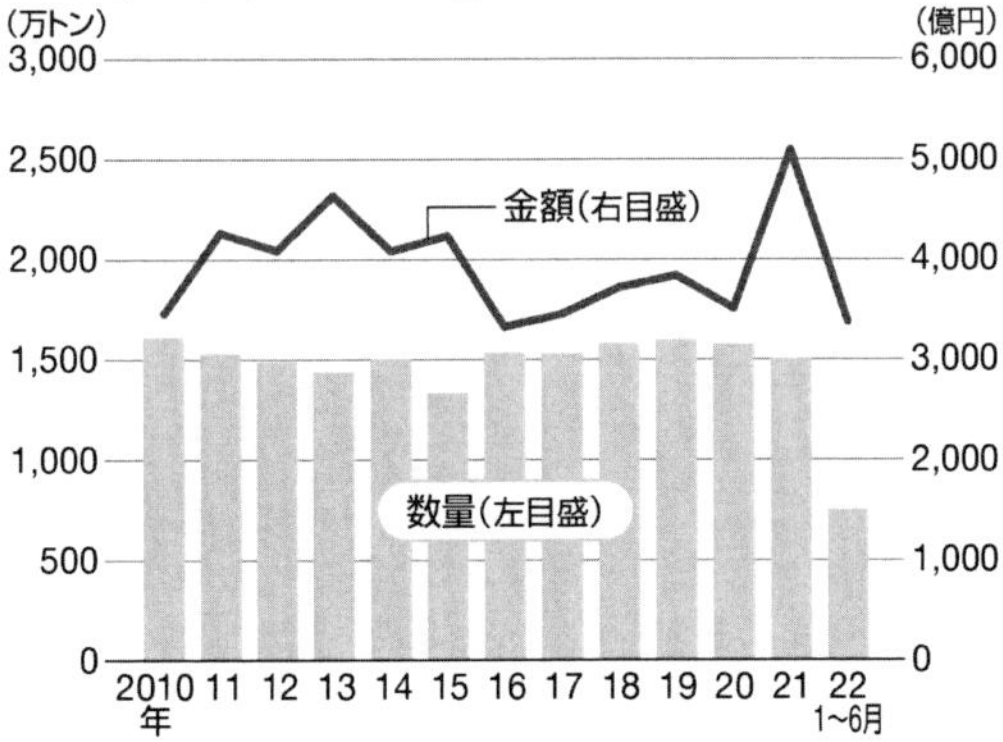

■ 日本のトウモロコシ平均輸入価格(1トン当たり)

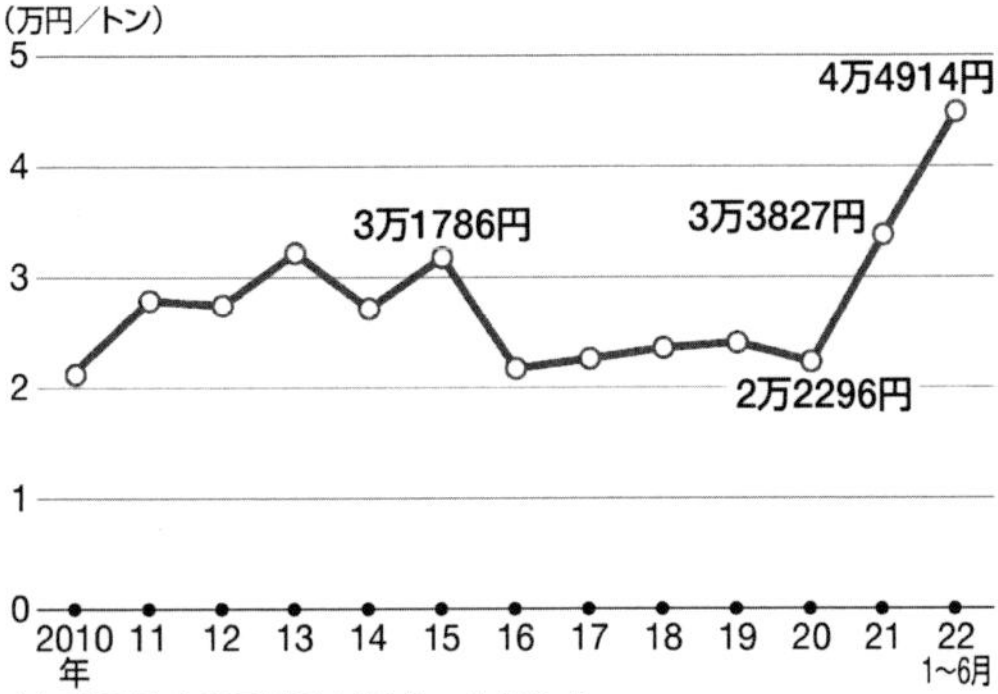

(出所)財務省貿易統計などを基に筆者作成

シェーレ現象が生じた

シェーレ（はさみ状価格差）という言葉がある。筆者が農学部の学生だった時代によく出てきた言葉だが、工業製品価格と農産物価格との間に見られるシェーレ、すなわちはさみ状の価格差のことである。

通常、どの国も工業化の過程では、工業製品は寡占化・独占化が進むと価格が引き上げられる一方、農産物価格は市場競争下で安く抑えられがちである。この両者の価格差を通じて工業部門は利益を得て、工業化を進めるのである。

1917年のロシア革命でソビエト連邦（ソ連）が誕生したとき、レーニンら指導者の課題は、工業建設の資金をどこから捻出し、農業をどのように社会主義化するかということだった。左派の理論的指導者トロツキーは、社会主義的な原始的蓄積を提唱した。

工業投資を急速に拡大するには、弱体な工業自体の利益の積み上げだけでは不十分であり、農産物価格を安く抑え、農村向けの工業製品の価格を吊り上げて利益を吸い上げ、これを工業建設の財源とするというものだ。いわゆるシェーレの利用だ。

だがその後、実際に起きたのはスターリンによる小農民経営の徹底した抑圧だった。ウクライナでは1932～33年のホロドモール（スターリンによって人工的に引き起こされた大飢饉）が発生し、少なくとも350万人が餓死したと伝えられている。このシェーレの構図は、肥料原料や輸入飼料の価格高騰に苦しむ日本の農業の現状にもそのまま重ね合わせられる。

日本の農政では食料生産拡大に向け、99年に制定された「食料・農業・農村基本法」を抜本的に見直す議論がこの秋から始まる。食料危機は見方を変えれば、国内の生産者にとってはむしろ増産のきっかけとなる可能性もある。

柴田明夫（しばた・あきお）
1951年生まれ。東京大学卒業後、76年丸紅入社。2001年丸紅経済研究所主席研究員。同所長、同代表を経て、11年10月資源・食糧問題研究所を開設、同代表に就任。

「中国の食料政策は転換点に」

農林中金総合研究所　理事研究員・阮　蔚

爆食の中国に、日本が食料を買い負けるリスクはあるか。中国農政や世界の食料需給研究の第一人者である農林中金総合研究所の阮　蔚（ルアン・ウエイ）氏に聞いた。

――この2年間で中国のトウモロコシ輸入量が急増しています。

もともと中国は、年間9000万〜1億トンの大豆を輸入する輸入大国だった。ただ、近年までほかの主要な穀物は自給していたため、飼料用のトウモロコシの輸入急増が大きく目立った格好だ。

背景にあるのは、中国産穀物の大幅な競争力低下だ。中国が2001年にWTO（世界貿易機関）へ加盟した際、コメ、小麦とトウモロコシの割り当て枠内の輸入関税は1％とゼロに近い水準に設定された。結果、中国の畜産メーカーは国産でなく安い米国産などの飼料を使うようになり、中国産のトウモロコシは政府在庫となった。

その後、消費も増えたが、中国は「一帯一路」戦略で2013年以降、ウクライナの農業インフラに投資し同国からの輸入を増やすことで対応した。が、18年に米中貿易摩擦が起きた。中国は米国産穀物の輸入を17年比で4倍増にすると20年に合意。再び米国からの輸入へとシフトを余儀なくされた。

──ウクライナ危機は中国の食料供給を揺るがしたのでしょうか?

報道ではウクライナからの小麦の輸出再開に注目が集まるが、実際に倉庫で滞留しているのは主にトウモロコシだ。小麦は2021年の7〜8月に収穫し、同11月には大半の出荷・輸出が終わっていた。

22年2月にロシアが侵攻した時期は、トウモロコシの輸出の最盛期だった。中国でトウモロコシ輸入が途絶え、不足したのは事実だろう。その影響で、足元でも米国からの輸入を増やしている。

自給率向上へ揺り戻し

——中国の米国への食料依存はますます深まっている、と。

2020〜21年は最大限輸入したが、それでも米中合意目標の8割程度で米国からは「けしからん」とみられている。米国の本音は中国潰しで、もし穀物輸出を停止したら半導体での制裁以上の威力がある。

足元では農産物貿易を維持しているものの、中国は米中関係に自信がなく警戒心を強めている。21年末に策定した「第14次5カ年全国農産物発展計画（21〜25年）」では、穀物の大幅増産と食料自給率向上の政策を打ち出した。これは過去5年間の輸入拡大政策からの揺り戻しとなる大転換だ。

そのためトウモロコシと大豆の混作を進めるほか、反対意見が根強かったGMO（遺伝子組み換え作物）栽培も解禁した。面積当たりの収量向上や、化学肥料の節減を図ることで気候変動対策にもなる。

――中国の消費が増えることで、日本と輸入で競合するリスクは？

中国の穀物需要が今後増えたとしても、大きな量ではないとみている。大豆の輸入は2020年に1億トンを超えたがすでにピークだ。トウモロコシも国産品を増産するほか、高粱（コウリャン）や大麦などの雑穀による代替飼育の技術を高めている。

豚肉消費も頭打ちだ。アフリカ豚熱の影響で2019〜20年に豚肉が高騰した際に、牛肉や羊肉に需要がシフトした。21年に価格が暴落してからも豚肉の消費は完全に回復していない。

中国のトウモロコシの輸入量は、日本で心配されているように、22年は3000万トン、23年は4000万トンなどと大幅に増えることはないだろう。中国は今の輸入水準を維持しながら自国を養うつもりだ。

（聞き手・秦　卓弥）

阮　蔚（ルアン・ウエイ）

新華社を退職し、1992年来日。95年上智大学大学院修士課程修了。同年から農林中金総合研究所。中国農政や世界各国の食料需給構造が専門。

異常気象が常態化する

「ブドウが紫色にならなくなった」。全国有数の産地である岡山県岡山市でブドウの栽培・育種を手がける林慎悟さんが、気候変動の影響をはっきりと感じ始めたのはここ4～5年だという。

ブドウの果皮を紫色にするには、着色期である7～8月の夜間に適度な低温にさらす必要があるが、近年相次ぐ猛暑で色素の合成が阻害され、色づきが悪くなっているのだ。着色不良のブドウは見た目が劣り、出荷価格は半値～7掛け程度に下がってしまうという。

高温被害だけではない。「局地的な豪雨が急に来たかと思えば、今度は1カ月雨が降らない。収量の振れ幅がかなり大きくなった」（林さん）。こうした気候の影響で果樹が弱り、病害虫が発生することもしばしば。「気象リスクは生産者にとって年々深刻になっている」(同)。

産直通販アプリの「ポケットマルシェ」を展開する雨風太陽が2021年に行った調査では、531人の生産者のうち91・1%に当たる484人が生産活動を行っているときに気候変動の影響を「感じる」と回答。主に温度や雨の変化を理由に、「収量や質の低下」「生育時期のずれ」などにつながっているという結果が出た。

異常気象が日常化し農作物の生産に悪影響を与える。そんな生産者たちの悩みは日増しに深まる。さらに世界規模での食料の安定供給に深刻な影響を及ぼす可能性が、最新の研究で指摘されている。

■ **収量や質の低下が深刻** ―気候変動による生産への影響―

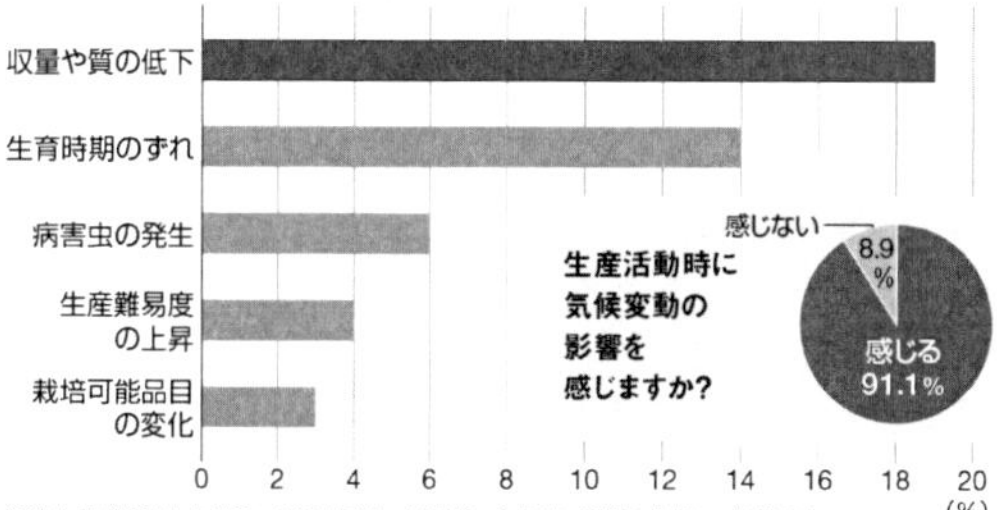

(注)生産者531人を対象に2021年11～12月行った調査。影響を「感じる」と答えた484人が自由回答した生産への影響を分類　(出所)雨風太陽

極端現象が頻発する

「近い将来、世界複数の地域で過去最大を超える干ばつが常態化する」。国立環境研究所や東京大学などの国際研究チームが2022年6月に発表した研究成果では、「異常気象が常態化してしまう時期」が世界で初めて推定された。

干ばつとは、降水量や河川水量などが平年より極端に少ない状態のこと。洪水や台風は局所的に災害をもたらすが、干ばつは広い地域で数カ月〜数年にわたって続くことがあり、穀物生産などへの被害が極めて大きくなる。

国立環境研究所の横畠徳太主幹研究員によれば、「温暖化が進行すると地球全体で降雨や蒸発など水の循環は加速するが、その影響は均等ではなく大きな地域差が生じる」という。高緯度地域や赤道地域は上昇気流が強まり降雨が増えて温潤化するのに対して、亜熱帯域では逆に降雨量が減少して乾燥や砂漠が拡大する可能性がある。

同研究では、世界59地域での河川流量の全球将来予測データを解析することで、2100年までに「過去最大を超える干ばつが5年以上続く」地域と時期を予測。それによれば、温暖化の進行シナリオに応じて11～18の地域がこれに該当し、とくに地中海沿岸域や南米の南西部、北アフリカなどでは今後30年以内に過去最大の干ばつが急増するという。

食料分野で懸念されるのは、穀物生産が盛んな米国、ブラジル、豪州などが、干ばつの頻発する〝ホットスポット〟と重なること。「干ばつが頻発することで収量が減り、世界の穀物価格が不安定化する可能性がある」（横畠氏）。

日本では西日本を中心に乾燥する時期が増えると推定されている。また世界で取水されたうち約7割が農業用であるように、穀物生産には多くの水資源を使う。穀物の大半を輸入する日本は、水資源も海外に依存しているに等しく、干ばつの影響と無縁ではない。

長期の視点で見たとき、気候変動が世界の穀物収量・価格にどれほどの影響を与えるのか。

国立環境研究所や農研機構などが参加する8カ国の国際研究チームが2021年

11月に行った発表では、現在（1983～13年）の世界の穀物の単位面積当たり平均収量と、今世紀末（2069～99年）の同平均収量予測を比較。高温による生育障害などで、トウモロコシ、大豆、コメの収量が大幅に悪化する見通しを示した。

同研究は2014年にも行われたが、前回予測ではトウモロコシは1％増だったのが21年予測では24％減に、大豆は15％増から2％減へと減少に転じた。コメは23％増から2％増へと増加幅が縮小した。一方、小麦は9％増から18％増へ増加幅が拡大している。小麦はほかの作物に比べて高緯度地域で広く栽培されているため、低温による被害が温暖化で軽減され気候変動の影響がプラスに働くケースが多かったためだ（低緯度地域では負の影響が出る場合も）。

■干ばつが5年以上連続で過去最大値を超える時期

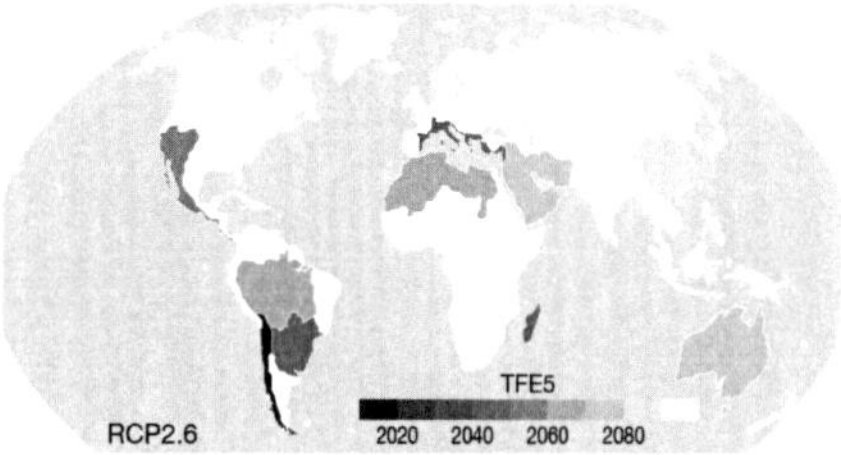

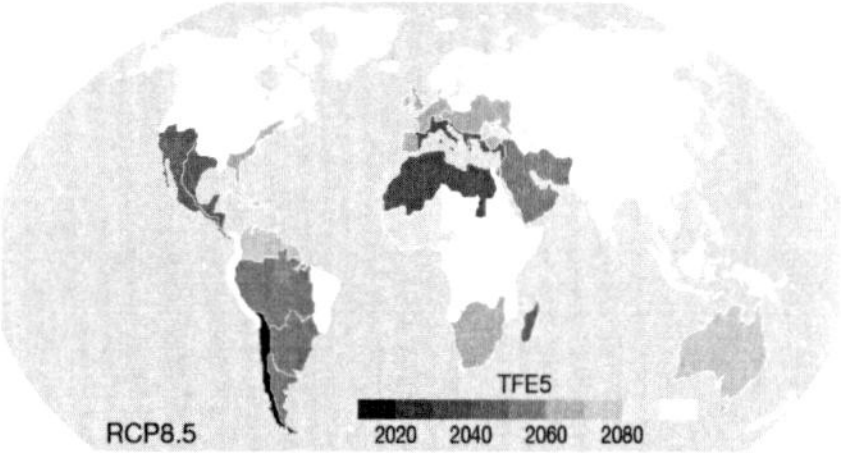

(注) TFE5は過去最大の干ばつ頻度を5年以上継続して超える時期。脱炭素社会実現シナリオ(RCP2.6)と温暖化進行シナリオ(RCP8.5)
(出所)国立環境研究所、東京大学、韓国科学技術院などの国際研究チーム

■気候変動の影響でトウモロコシは24%減収へ
—今世紀末の世界の穀物収量予測—

品目	2014年の予測	21年の予測	14~21年 予測増減
トウモロコシ	1%増	24%減	↘
大豆	15%増	2%減	↘
コメ	23%増	2%増	↘
小麦	9%増	18%増	↗

(注) 気候変動が進行するシナリオ(SSP585)。現在(1983~2013年)と比べた今世紀末(2069~99年)の収量の予測
(出所)国立環境研究所と農研機構

前回予測と異なる結果になったのは、前提シナリオの平均気温と二酸化炭素濃度が上昇したためだ。「最新の気候変動予測と収量モデルを用いたため予測精度は前回より高い。温暖化が穀物に与える影響により早く備える必要がある」（農研機構の飯泉仁之直（としちか）上級研究員）。トウモロコシの収量減少の影響が顕著に出てくる時期は、前回予測では2090年代以降だったが2021年予測では30年代後半に早まった。

国連の気候変動に関する政府間パネル（IPCC）が2019年に公表した報告書では、「極端な気象現象の規模および頻度が増大するにつれ、食料供給の安定性は低減する」として、2050年に穀物価格が7・6％上昇するおそれがあるとする試算を示している（中央値、前提によって1～23％の幅あり）。

こうした気候変動リスクにいかに備えるべきか。飯泉氏は、「地球温暖化を防止する緩和策と、影響を低減するための適応策を一体的に行うことが何よりも重要。時間を稼ぐことで対策が打てる」と語る。農地を活用した温室効果ガスの吸収や先進国から発展途上国への技術支援、高温耐性品種の開発など打てる手はある。食の安定供給を守るために、あらゆる知恵と技術が求められる。

（秦　卓弥）

「肥料暴騰」で見えない出口

作物を作るのに必要な化学肥料が、かつてない危機に瀕している。

北海道岩見沢市でコメや麦、大豆などを作る中田ファームの中田圭祐さんは、現状をこう語る。「2021年年の10月ごろにはすでに、(肥料の原料の1つである)尿素が不足して大変なことになるといわれていた。その後、商社から『肥料のブツそのものがない。売ることができない』と言われた農家もある。異常事態だ」。

中田ファームのある北海道で肥料販売の元締となるのは道内の農協の連合会であるホクレン農業協同組合連合会だが、同会は6月1日に2022年度の肥料価格を前年度比で平均78・5%値上げすると発表した。

中田ファームが購入する肥料の場合、これまで20キログラム当たり約3000円だったのが、6月以降には約5000円になった。「ここまでの値上がりは、これまで経験したことがない」（中田さん）。肥料代が上がっても、需給で買い取り価格が決まる農産物にその分を価格転嫁できるわけではない。結果、多くの肥料を使う野菜などを栽培する農家の中には、採算が合わずに作るのをやめてしまうところも出始めている。

中国からの輸入に依存

なぜここまでの価格高騰が起きているのか。最大の原因は、日本が肥料原料の輸入先として頼ってきた中国で穀物需要が急激に高まったことがある。

肥料原料は、主に3つの要素から成り立っている。植物の茎や葉の生長を促す尿素（窒素）、花や実のつきをよくするりん安（リン酸アンモニウム）、根の生育を促す塩化カリウムだ。石油や天然ガス、リン鉱石、カリ鉱石といった天然資源から産出される。

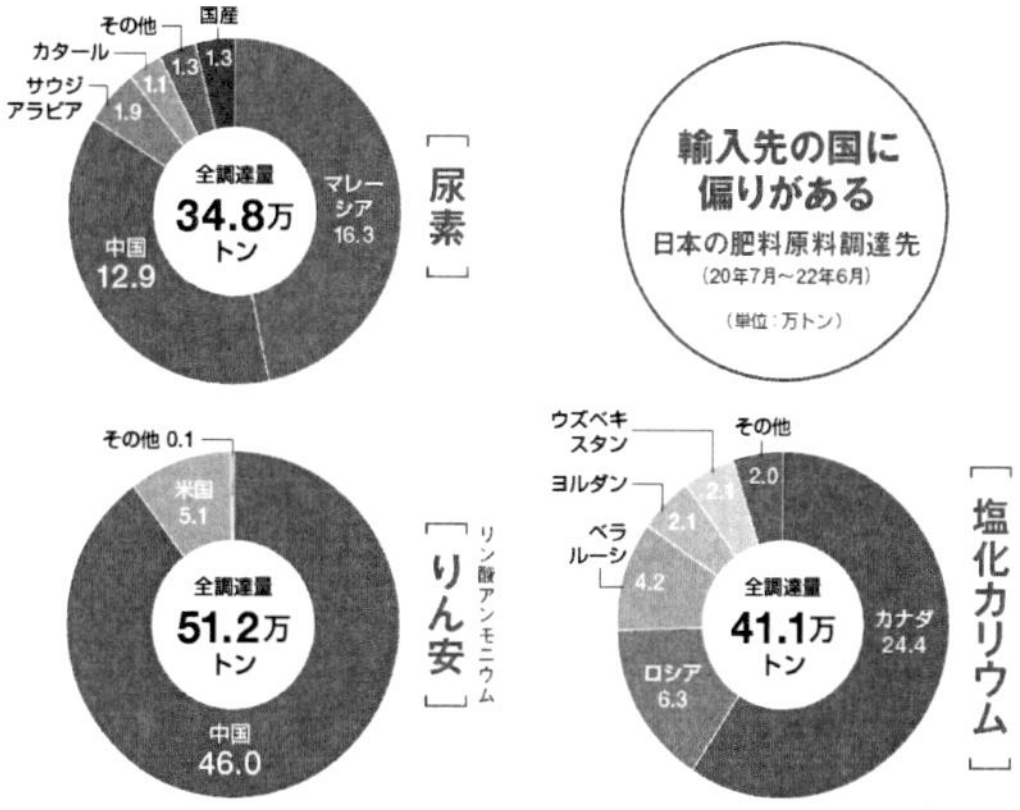
輸入先の国に
偏りがある
日本の肥料原料調達先
（20年7月～22年6月）
（単位：万トン）
［尿素］
全調達量
34.8万トン
マレーシア 16.3
中国 12.9
サウジアラビア 1.9
カタール 1.1
その他 1.3
国産 1.3
［りん安］
リン酸アンモニウム
全調達量
51.2万トン
中国 46.0
米国 5.1
その他 0.1
［塩化カリウム］
全調達量
41.1万トン
カナダ 24.4
ロシア 6.3
ベラルーシ 4.2
ヨルダン 2.1
ウズベキスタン 2.1
その他 2.0

（出所）農林水産省の資料を基に東洋経済作成

これらの原料の調達先を示したのが先のグラフだ。これを見ると、特定の国に調達先が偏っていることがわかる。尿素はマレーシアから47％、中国から37％を輸入。塩化カリウムの場合はカナダから59％、次いでロシア、ベラルーシから計26％を輸入している。りん安に至っては、90％を中国に頼ってきたのが実情だ。

ただ、その中国が肥料高騰の震源地となってしまった。2018年のアフリカ豚熱蔓延から回復した中国は、家畜の餌となる穀物、とくにトウモロコシの輸入を急増させた。中国の需要増を背景に、世界の穀物市況は高騰し、それに伴い米国、ブラジルなどの穀倉地帯が生産を拡大したため、世界的に肥料の需要が高まり、20年の暮れには肥料原料の高騰が始まった。

さらに、2021年8月ごろからは世界的にエネルギー価格が上昇し、化石燃料を原料とする尿素の価格が高騰。同年10月には、中国が肥料原料輸出の法定検査を厳しくしたことから需給バランスはさらにタイトになった。農林中金総合研究所の阮蔚理事研究員は、「地球温暖化対策として肥料輸出大国の中国が（化石燃料を使った）生産を抑制、国内需要を優先し、輸出を制限したことも背景にある」と指摘する。

そこに、今回のウクライナ危機が拍車をかけた形だ。ある総合商社の肥料部門担当者は、「原料の高騰は昨日今日に始まったことではない。われわれは2年近く前から危機感を持っていた」と明かす。

調達先が偏在することのリスクは、2008年に新興国の経済成長やオーストラリアの干ばつで穀物価格が上がり、肥料価格が高騰したときからかねて指摘されてきた。が、むしろ中国から安定的に調達することが重視され、調達先の多角化は進んでこなかった。前出の商社担当者は「在庫コストを抑えるため、小回りが利き、価格も安い中国から原料の多くを輸入することが合理的だ。結果、中国からの輸入に頼りきることになっていた」と語る。

代替調達先を模索

足元の危機的な状況を受けて、政府と肥料の原料を購入する全農（全国農業協同組合連合会）や商社は官民で打開策を探っている。

中国が原料の輸出規制を厳格化した2021年10月以降は調達先の多様化が図られ、とくに、りん安（あん）をモロッコから多くの買い付ける方針が示された。全農は2022年2～3月にモロッコからりん安を緊急調達。大手商社は、モロッコのほかにも、ヨルダンなどからの原料調達を模索している。

外交的な駆け引きも水面下で行われている。5月にドイツで開催されたG7（主要7カ国）農相会合に出席した農林水産副大臣（当時）の武部新氏は、その足でモロッコを訪問し、肥料を所管するベンアリ・エネルギー革命・開発相らと会談。日本への輸出量の確保を要請した。

武部氏は、「モロッコは親日国で皇室と王室との関係も深い。日本から農業技術の支援もしてきた。先方の大臣からは、信頼できる国と取引することが大事で、（りん安の）安定供給について協力したいとの言葉もあった」と語る。

6月下旬、塩化カリウムの主要調達先であるカナダを訪れたのは中村裕之農水副大臣（当時）だ。ビボー農業・農産食料相らと会談し、塩化カリウムの安定供給を要請した。

中村氏によれば、カナダはカリウムの増産を計画しており、そのための投資も検討しているという。カナダの肥料業界団体幹部からは、「友好国の日本向け原料は優先的に確保したい」との言質も取った。ただ、「カリウムについてはカナダに世界中から供給オファーが殺到している現実も改めて知らされた」（中村氏）。

官民が一体となることで物量は確保できたとしても、原料の取引を行うのは民間企業同士であり、「最後にものをいうのは取引価格」（前出の商社担当者）。

足元では、日本における肥料の2大流通路である農業団体系などの「系統系」と、商社からなる「商系」とで販売価格に差が生じている。

■ **全農経由と商社経由で価格差も** ―肥料の流通経路―

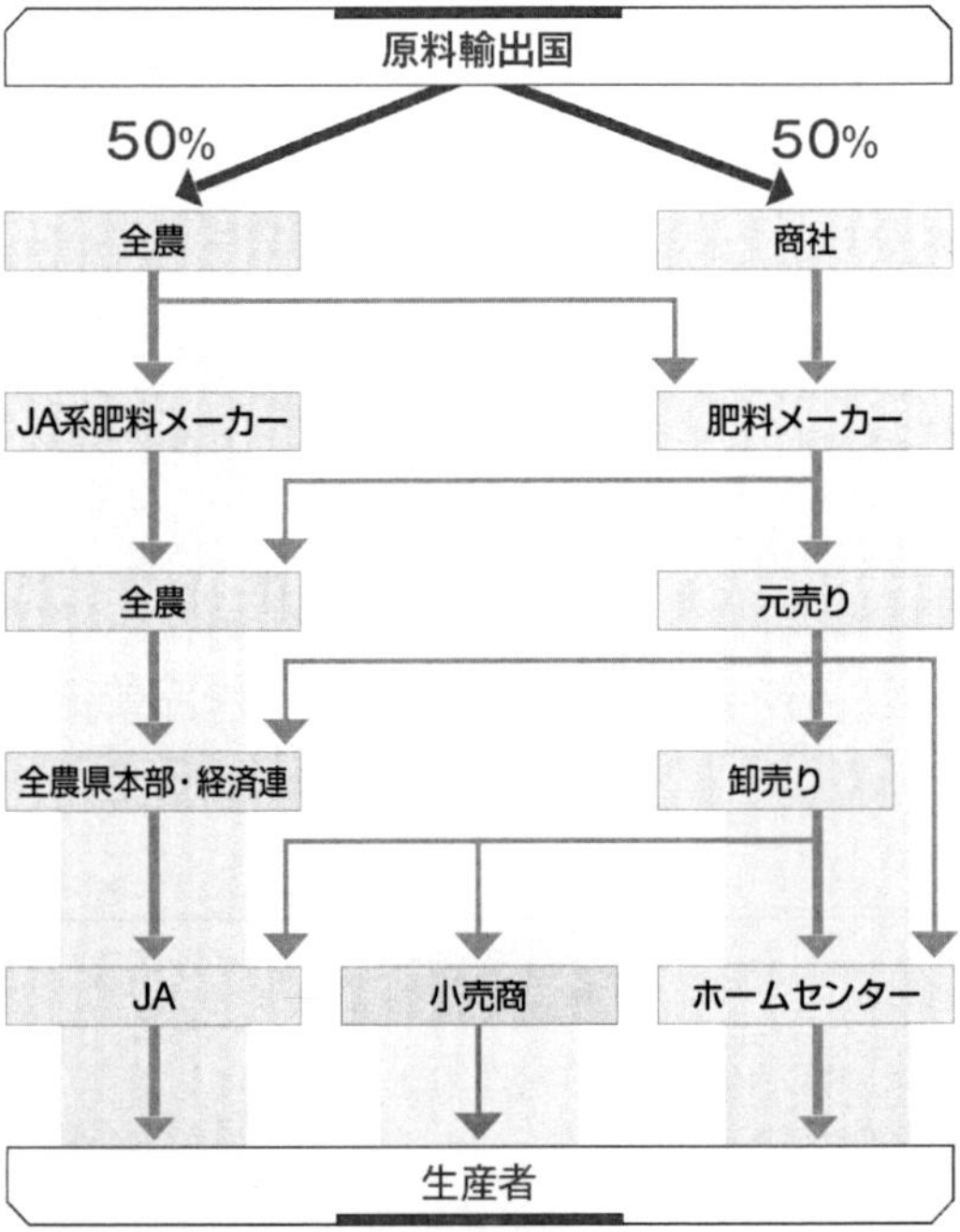

（出所）農林水産省の資料などを基に東洋経済作成

系統系のホクレンでは、肥料原料を主に全国組織の全農から購入し、年間一本の価格で供給している。製造は子会社であるホクレン肥料が担い、市況変動リスクはホクレンが吸収している。

今回ホクレンは、系統系独自の仕組みである「系統独自早期原料手配メリットおよび激変緩和対策」を使って61億円を支出し、販売する肥料の価格を抑えた。安いときに購入した原料を「在庫メリット」として活用し、直近の価格に反映させたうえで販売する仕組みだ。この支出がなければ、値上げ幅は平均102％超、つまり価格は2倍になっていたという。

一方、こうした「系統系」と異なり、在庫を抱えるリスクが取れない「商系」の販売する肥料の価格は、輪をかけて吊り上がっている。商系の末端価格は、各販売店が泣く泣く利幅を下げても「系統系より1割程度高くなっている」（北海道内の販売店）。

もっとも、「系統系」の価格抑制策「早期原料手配メリット」も、価格の高止まりで2023年度以降は使えなくなる。

ホクレンが原料を主に調達する全農の価格決定のタイミングは年2回あるが、やはり価格が高騰している。輸入尿素は、21年6～10月で前期対比24％増、21年11月～22年5月で前期対比17・7％増、22年6～10月で前期対比94％増と、値上がりを続けている。

全農は23年の春肥価格水準について、「メーカーとの購入価格の交渉結果次第となり現時点では回答できないが、足元では海外原料の情勢のほか、円安の進行、国内諸経費の上昇など厳しい環境となっている」（広報企画課）とする。さらなる価格上昇もありうるのだ。

肥料2割減なら補助金

残る有効な手だては国からの補助金だ。農水省は、4月の関係閣僚会議で「化学肥料原料調達支援緊急対策」を打ち出し、100億円の予算を確保した。肥料メーカーが10月までに代替国から原料を調達する際、輸送コストが増える分を補填する仕組みだ。

加えて7月末に打ち出されたのが、788億円の予算からなる「肥料価格高騰対策事業」だ。

この事業は、農水省が進めてきた「みどりの食料システム戦略」でうたう2030年までの「化学肥料の使用量2割削減」に沿ったものだ。同省が示す土壌診断による施肥設計、堆肥の利用といったメニューの中から2つ以上の取り組みを行う農家に対して、2022年6月から23年5月にかけて購入する肥料の価格高騰分の7割を補填する。

北海道では化学肥料の8割近くの値上げ分のうち7割が補填されるとあって、農家からは「ありがたい」との声が聞かれる。一方で「9月から種まきが始まる。間に合わない」といった不平も多く、結局、化学肥料削減は今後2年間で取り組めばよいことになった。それでもある小麦農家は、「化学肥料を減らせば、それだけ収穫量は減る。2割削減など、霞が関の役人の机上の空論だ」と辛辣だ。

食料安全保障の観点では、肥料原料の調達先の分散や使用量の削減は重要な課題だ。泥縄式ではなく、長い目で見た対策が求められる。

（森　創一郎）

「第2青函トンネル」構想の現実味

輸入食料の価格高騰を背景に、日本の食料基地・北海道と本州を結ぶ物流網の強化に関心が集まっている。その核として期待されるのが、現在の青函トンネルに並行する形で建設する「第2青函トンネル」構想だ。

大手ゼネコンやデベロッパー、総合商社などで構成され、政策提言を行う日本プロジェクト産業協議会（JAPIC）が、2020年に「津軽海峡トンネルプロジェクト」として発表した。

構想の中身はこうだ。直径15メートル、長さ31キロメートルの円形のトンネル内を上部トンネルと下部トンネルの2層に分け、上部を片側1車線の自動運転の専用道路とし、下部には避難通路兼緊急車両用通路と、単線の在来線貨物鉄道を通す。トンネルの断面を小さくし総延長も短くすることで、コストを削減する。

試算では、第2青函トンネルの事業費は7200億円。工期は15年間で、最短で41年の開業を見込む。道路の通行料は大型車1万8000円（3600台／日）、普通車9000円（1日1650台／日）の設定で、年間36億円が見込まれる貨物列車からの線路使用料なども含めて、32年間で投資を回収する算段だ。

北海道の食料を本州に

ＪＡＰＩＣで構想の取りまとめ役を担う戸田建設の神尾哲也常務は、このプロジェクトの意義をこう力説する。「足元で値上げが続いているように、食料やエネルギーの自給率が低い日本は海外の動向に左右されやすい。『国産国消』の拡大が必要で、そのためには北海道の食料の活用が絶対条件だ。津軽海峡トンネルプロジェクトはこの課題に資することになる」。

北海道の農業生産額は日本全体の14％（20年）を占める。ところが、農産物を運び出す本州と北海道をつなぐ陸路は、新幹線と貨物列車がレールを共用する青函トンネル1本しかない。

しかも、トンネル内のすれ違い時、新幹線の風圧が貨物列車のコンテナを損傷させてしまうので、新幹線は在来線特急並みの時速160キロメートルでしかトンネル区間を走れない。こうした問題も、新しいトンネルに貨物列車のレールを移すことで一気に解決できる。JAPICは今後、「食料安全保障の観点、国の成長戦略の1つとして必要性を訴え、関係省庁にも説明していく」(神尾常務)という。

実際の運行には課題もある。現在、上下線に分かれる複線で1日上下51本が走る貨物列車の本数を、単線でどう運営するかは大きな課題だ。すれ違いのための待避施設などが必要になる。

プロジェクトチームでは、すでにさまざまなシミュレーションを始めている。例えば、トンネルの北海道側と本州側の出入り口付近に貨物列車の待避施設を設け、同方向に連続運行させて35分で3本の列車を通すなどの方法を模索する。

トンネルの出入り口から既存道路に至るまでの接続道路の整備も必要だ。鉄道では北海道側で35キロメートル、青森側で10キロメートルの接続線整備が求められる。アクセスルートの整備にはトンネル本体にかかる費用のほかに、3500億円が必要になる見込みだ。

構想の実現に向けた動きは活発化している。自民党内では、北海道支部連合会（道連）において政治主導で構想を実現すべく、和田義明衆議院議員らを中心に調査会を立ち上げる動きがある。

和田氏は、「(調査会立ち上げで) 地元として実現を目指す姿勢を示していかなければならない。新たなトンネルが必要だと考える業界は複数あり、そうした業界を巻き込んで構想実現への機運を盛り上げたい」と熱を込める。

地元の経済団体も、構想に磨きをかけて国土交通省に建設を提言する方針だ。夢の構想は、実現に向けて新たな段階に入りつつある。

（森　創一郎）

豊作喜べぬコメ政策の隘路

8月に入り、スーパーマーケットの店頭には早くも2022年の新米が並び始めた。九州や四国で生産される早期米の価格は、その年の米価の先行指標ともいわれるが、2022年は21年よりも安くなりそうだ。あらゆる食品の価格が高騰する中、コメの安値は際立つ。

宮崎県では、早期米としてコシヒカリなどの新米の出荷が始まっているが、JA(農業協同組合)宮崎中央会の担当者は苦しい現状を語る。「(JAから買い取ったコメを卸業者に売る)JA経済連の買い取り価格は、21年に比べて60キログラム当たり300円ほど安い。価格下落はこれで3年連続だ」。

肥料価格や光熱費の上昇でコメの生産コストが上がる中、JAは何とか農家の手取り額が下がらないようにと努力するが、22年はそれも難しい。「無理をして価格を維持すると、売れずに在庫が積み上がって最終的には投げ売りをすることになり、悪循環。八方ふさがりだ」(前出の担当者)。

全国的に見ても、米価の暴落はここ数年止まらない。コメの流通が自由化された今、価格は市況に応じて変わるが、出荷業者と卸売業者との間で決まる「相対取引価格」の平均は、2021年産米で前年比60キログラム当たり1678円も下がり、1万2851円となった。店頭では、とくに在庫がだぶついた栃木県産など北関東のコメの価格下落が顕著で、5キログラムで1500円台やそれ以下の特売品も登場した。

需要は年間で10万トン減少

直近の価格下落にはコロナ禍が影を落とす。外食産業向け需要が落ち込み、家庭用はやや増えたが減少分を補えていない。コメの消費量は1963年をピークに一貫して減り続けており、従来は年間8万トンペースで減少していた需要が、ここ5年ほどは同

10万トンになっている。22年度は全国的に豊作が見込まれるが、「需要の減少幅は10万トン以上になると見込んでいる」（コメ卸大手、木徳神糧の鈴木敬夫執行役員）。コメの価格下落が続けば、農家の中には経営が立ち行かないところも出てくる。農家が60キログラムのコメを生産するのにかかるコストは1万5000円ほど（20年産米の場合）。近頃の取引価格は1万円台前半だから、単純計算では採算は取れない。

米価維持のために政府がコメ農家に促しているのが、コメを作る面積を減らしてほかの農産物を作ること。そのための補助金も用意されている。1969年から実質的に現在まで続く減反政策だ。

2021年11月に農林水産省が発表した22年産米の需要に見合う供給量の試算は、前年より26万トン少ない675万トン。7月にはさらに約2万トン減る見通しが発表された。

こうして主食用のコメを作る面積を減らした分、海外からの輸入に頼っている麦や大豆、そして家畜の餌用のコメなどを生産することを推奨している。ただ、転作にはコストがかかるうえ、これらの作物は主食用のコメと比べて相場が安い。例えば、餌用のコメの価格は1キログラム当たりたったの5円だ。

転作のインセンティブの1つとなるのが、「水田活用の直接支払交付金」(以下、水田交付金)だ。麦や大豆に転作すれば、毎年0・1ヘクタール当たり3・5万円が農家に直接交付される。支給を受ける農家は「この公金があるから、何とか経費を賄える」と語る。

減反政策の転換点?

ところが2021年11月に突如、この水田交付金の方針転換が発表された。見直しの最大のポイントとなるのが、22年度から5年後までに一度も田に水を張らなかった場合、支給対象から除外するというもの。農家からは「国の要望を受けて転作に協力してきたのに、急にはしごを外すのか」と猛反発が起きている。

厳格化のきっかけとなったのが、2016年に行われた財務省の予算執行調査だ。水田交付金の対象は、現在は畑作物を作っていても、有事にはコメを作れる農地であることが条件。だがこの調査を通じて、コメを作るのに必要な畦畔（けいはん：あぜ）や用水路がない農地にも交付金が支給されていることが判明。農水省の関係者によれば、長きにわたる転作政策の過程で、ビニールハウスが建てられたり、家畜が放牧されている「水田」が多数生じた。見るからにコメを作れないのに水田交付金をもらうのは不適切、というわけだ。

こうした水田は、2027年までの猶予期間ののち支給を打ち切られる。かといって、一度転作をしてしまった農地に再び水を張るのも容易ではない。「コメを作るには水を蓄える必要があるが、畑作物には排水が必要だ。土壌の作り方が違うため、水を張るには工事をして地下灌漑（かんがい）を作り変えなくてはいけない。農家がそのコストを負担できず、耕作放棄地や離農者が増えるだろう」（JA秋田中央会の担当者）。

水田ではなくなった土地を畑として申請すれば助成金がもらえるが、水田交付金とは異なり一度きりだ。コメ農家の間ではこれを「国からの手切れ金」と見なす向きもある。

実際、減反政策で主食用のコメを作る水田は減り続け、畑地など田ではなくなった面積が増えているが、その畑で営農を続けられるとは限らない。

■ **コメの需要減に伴い価格は下落**
—主食用米の需要量と相対取引価格の推移—

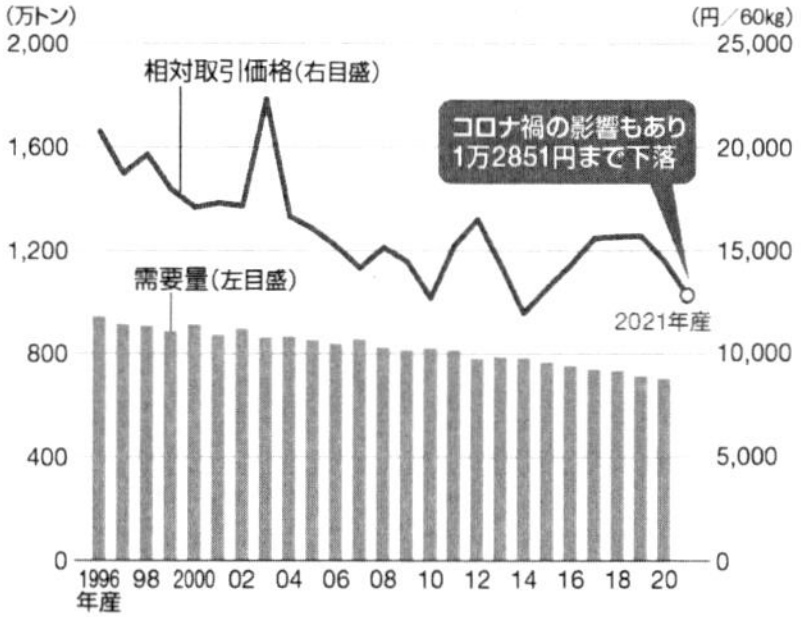

(注)コメの需要量は、2020年産＝20年7月〜21年8月のもの
(出所)農林水産省「米穀の取引に関する報告」を基に東洋経済作成

■ **主食用のコメを作る田の面積は減少**—田の用途の変化—

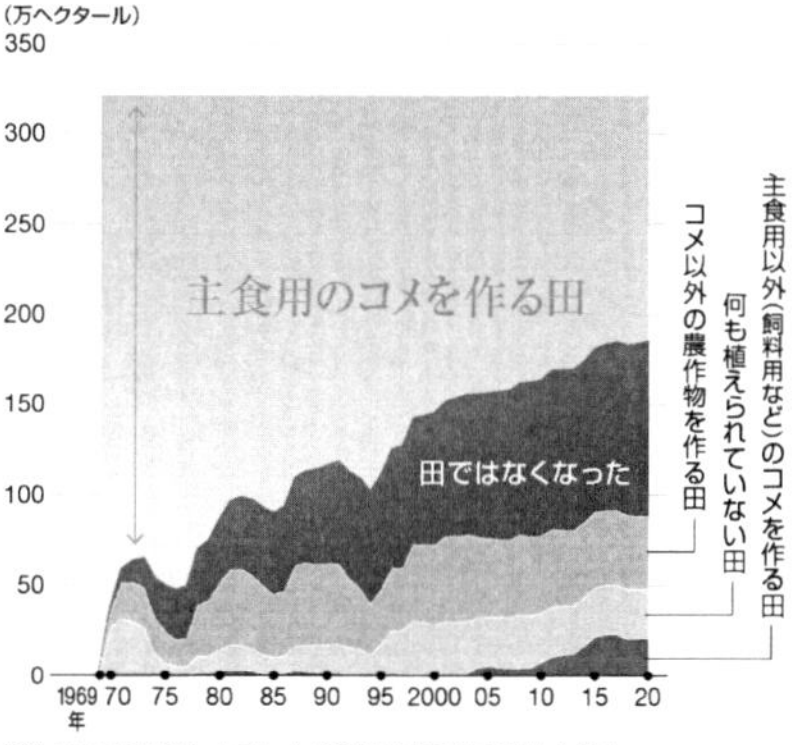

(注)水田の面積がピークであった1969年の田面積を基準とした場合
(出所)農林水産省「作物統計」を基に小川真如氏が作成(『日本のコメ問題』)

コメ政策に詳しい農政調査委員会専門調査員の小川真如氏は「田から畑に転換しても、その後荒廃してしまうケースは多い。国としては田での畑作物作りよりも畑地化を促したほうが財政負担は減るが、食料安全保障の点では問題だ」と指摘する。コメを作っても転作をしても困難が待ち受ける今、日本のコメ政策は隘路（あいろ）にはまり込んでいる。

（印南志帆）

「有事に備えたコメ政策を」

自由民主党　衆議院議員・小野寺五典

コメの需要が減少し続ける中、日本のコメ政策の行く末は。元防衛相で農業政策のキーマンでもある、小野寺五典氏に聞いた。

――主食用米からほかの作物へ転作した水田に支払われる「水田活用の直接支払交付金」（以下、水田交付金）の対象を厳格化します。

この交付金はもともと、コメの需要減を受けて、コメから国民の役に立つような作物へと転作してもらうために始めたもの。減反をしたからではなく、水田をコメ作り以外に使ったときの手間代として交付している。いざというときには国民が飢えないようにコメを作ってほしいので、水田としての機能は残してもらうのが原則だ。
ところが、いつしか当初の原則が忘れられて「水田の機能を失った農地でももらえる」と思っている農家が増えた。これでは、税金から賄われる交付金が本来の趣旨とは異なる形で支給されていることになる。それを適正化するのが今回の厳格化の目的だ。

――今後5年間、一度も水張りをしない土地を交付対象から除く予定です。減反政策を転換して、農家に再びコメを作らせるということでしょうか。

減反とは逆行しない。コメ余りの中で、ほかの作物を作っている土地で再びコメを作ってほしいというわけではない。それでは本末転倒だ。畦畔（けいはん）があって何年かに一回は水を張れる（水田である）ことを証明してほしい。
同じ畑作物を作っている土地でも、通常の畑には水田交付金が支給されない。一方、水田に戻すのはどう見ても難しいのに、交付金をもらっている土地もある。これでは農家同士の不公平感にもつながる。

――支給対象から外れた農家では、経営が成り立たなくなり離農する人も出てきます。

水田機能が失われた土地を畑地化する際には、現在でも一時金が支給されている。その後もその土地で畑作物を作って経営が成り立つように、これからも一定の支援を検討していく。ただ、水田交付金なしでも努力して経営が成り立っている農家はある。そのための支援もしている。

――大豆や小麦などは安価な輸入品との競争が激しく、国の支援なしに採算を取るのは難しいのが現実です。市場原理に反しても、国が農家を保護する意義とは。

農業はほかの産業と少し違う。今、コンビニのおにぎりは値上がりしているが、1次産品であるコメはどうか。農業資材費や輸送費がいくら上がっても、需給で価格が決まるので、需要が減った今はむしろ値下がりしている。こうしてつねに弱い立場にある農業が市場原理で衰退すれば、食料がなくなったときに国民は飢えてしまう。

実際、ウクライナ危機で食料問題に直面する国もある中、日本はそこまで困っていない。スーパーにはさまざまな輸入食品が並んでいるが、海外からしっかり輸入できるのは、主食もそれ以外も国産品があるからだ。だからこそ、輸入の際に「安全性が低いので買わない」「こんなに高ければ買わない」と交渉できる。食べるための安全保障、保険として国が支援することを理解してほしい。

――海上封鎖されて輸入が途絶するなどの本当の有事となれば、国産の食料で国民を養えますか。

日本の昔の食生活に戻せば、十分やっていける。入ってこない小麦や大豆の代わりに、コメを食べる。畜産は海外の餌に頼っているが、魚が海で捕れる。ただ今の食生活を維持したいなら、輸入食品を少しでも国産に切り替えていく必要がある。

（聞き手・印南志帆）

小野寺五典（おのでら・いつのり）

1960年生まれ。83年東京水産大学卒。93年東京大学大学院修了。97年に初当選。元防衛相。自民党農業基本政策検討委員会委員長。

行列のできる野菜作り、加工品販売も

「自立する農家」の生存戦略

ライター・勝木友紀子

コメの需要が減少し続ける中、農家は厳しい経営を迫られている。政府からの「補助金ありき」になっているケースも珍しくない。だが自らの経営努力によって高収益を実現する、自立した農業者もいる。

「水田3倍活用」を掲げるのが、静岡県周智郡森町の遠州森 鈴木農園株式会社。15ヘクタールの農地（水田）で1年間にコメ、レタス、食用トウモロコシを収穫する三毛作を実践する。

同社の売り上げの約5割を占めるのはトウモロコシ。森町の地域ブランドとして定着した「甘々娘（かんかんむすめ）」は、糖度18～20度と甘く、皮が柔らかい。5月末から7月末の収穫期には農地近くの直売所でとれたてを販売、前日から行列ができるほど人気を集めている。

トウモロコシの収穫後にはコメを植え（主食用米は2割で、残りは飼料用）、9月以降はレタスを栽培する。三毛作の農地とは別に23ヘクタールの主食用米専用の水田でもコシヒカリ、きぬむすめを育てており、8月中旬までに収穫する。

コメの売り上げは全体の2割程度だが、同社社長の鈴木弥（わたる）氏は「利益率はコメがいちばん高い」と言う。「コメは人手がかからない。田植え、稲刈りは4人で10ヘクタールを3日程度で終える」。コメは余分な肥料を吸収するため、レタスを栽培する際の肥料過多を防ぐ役割もある。水を張ることで農地の消毒もでき、コメを含む三毛作は栽培上も理にかなっている。

鈴木農園の場合、トウモロコシは直売所と通販を合わせて全量を直接販売している。主食用米は4割が直販。近年はトウモロコシを通販で購入した個人客がリピーターとなり、コメを通年購入することも増えているそうだ。

中間マージンがない直販の拡大で収益性は向上した。「それぞれの地域に合った作物を見つけてブランド化したり、直販を取り入れたりしていけば、収益は上げられる」と鈴木氏。「農業はまだまだ工夫できる。自分たちも反収アップや経費の圧縮など、できることに取り組んでいく」。

消費者のための農業

農作物の栽培に加え、加工して高付加価値化し、販売まで自ら行うことで収益を上げている例もある。

石川県野々市市（ののいちし）の株式会社ぶった農産は主食用米（28ヘクタール）、野菜（2ヘクタール）の栽培、農産加工品の製造に加え、その販売も手がける。本社のほか金沢市内に2店舗を構え、漬物やコメ、煎餅といったコメ加工品などを扱っている。

農閑期に作っていた自家用の「かぶら寿し」が好評だったことから加工・販売を始め、1980年代からは漬物の製造も開始。宅配便を利用した産地直送のシステムをいち早く確立し、直販の顧客は全国に広がった。現在は売り上げの7割を農産加工品が占める。

残りの3割がコメ。店舗・ECのほか、古くから付き合いのある個人顧客、飲食店、生協などに直接販売している。同社の社長・佛田利弘氏は、「計画的な経営を行っていくためには、自分たちが価格決定権を持つことが重要。委託販売でこちらに決定権がない農協には出していない」と話す。

ぶった農産では早くも1980年代末に自らシステムを組み、顧客データベースを作って宅配便の伝票作成やダイレクトメール発送に利用するなど、IT化に取り組んできた。今後は、作物の生産過程の情報をQRコードで読み込めるようにする計画もある。

「お客様が便利になること、喜ぶことは何か」をつねに考えてきた、と佛田氏は言う。「コメの消費量が減り、米価も下がっている。このタイミングで流通や生産技術にイノベーションを起こし、『消費者のための農業』への大胆なゲームチェンジを図る必要がある」。自立的な農業を営むことは、ひいては消費者の利益にもなる。

勝木友紀子（かつき・ゆきこ）
フリーランスのライター・編集者。出版社に10年勤務した後、独立。実用、ビジネス、教材などさまざまなジャンルのライティング・編集に携わる。

「儲かる農業の裏で農業のハリボテ化が止まらない」

明治学院大学経済学部　経済学科教授・神門善久

「食料危機が来る」「だから食料自給率の向上を目指せ」というのが通説だが、日本に食料危機など存在しない。国がこのまやかしを喧伝する理由はこうだ。農家はマニュアル化しやすいコメを作りたがり、戦後一貫して供給過剰になっている。農家には強い政治力があるので、国は彼らを保護するために大量の補助金を投じる。そこで作られたのが食料危機。ここに研究者やマスコミが同調しているという構図がある。

問題なのは、日本の農業政策が農業の地盤を強くするどころか、その逆に働いていること。「攻めの農業」や「儲かる農業」の名の下、農業の大規模化やマニュアル化が進んでいる。その裏で日本の風土に合った本当にいい品種、いい農法に光が当たらず、今まさに消えようとしているのだ。「農業のハリボテ化」が起きているのだ。

とくに技能の低下は著しい。少し前までは、稲の葉を見ただけで育った田んぼの状態を言い当てられる名人がたくさんいた。それがこの10年で次々亡くなった。国が莫大な補助金をつけたこともあり、新規就農者の頭数は増えているが、彼らの多くは名人芸の継承者たりえない。外国人技能実習生と同等に扱われ、使い捨てられるパターンが非常に多い。

国の推奨する農業をやれば、短期的には儲かるようになるかもしれない。が、長期的には農業の腕が落ちることで農産物の豊凶の差が激しくなり、品質も悪くなるだろう。目先の利益のために将来世代を犠牲にする行為をして、本当にいいのかと問いたい。

規制緩和をして輸出を拡大すべきだ、という改革派の意見もあるが、農産物は輸出の過程での品質管理が難しく、検疫に通らないことも珍しくない。輸出で儲かるパターンは限られている。輸出を伸ばせば、かえってこうしたリスクを持ち込むことになる。

今の日本農業の敵は、かつての工業化などではなく「日本農業の応援団」を自称する人たちだ。彼らが応援しているのは、ネット上の美少女キャラクターのごとき、バーチャルで美しい農業だ。実際の農業が外国人頼みになっていたり、牛や豚が間違った飼い方をされていたりといった不都合な現実から逃避している。日本の風土を生かせば、すばらしい農産物ができるのに、なぜそれを否定して、作り物の繁栄に向かわなくてはいけないのだろうか。

日本の農業の未来を明るくする方策はあるのか。1つの可能性が、外国人留学生を技能の継承者とすること。実は、私が知る中で日本でいちばん腕のいい鶏さばきの職人は中国人だ。その親方の日本人の技術は、継承されずに消えるはずだったが、中国人が受け継いだ。もう1つが、次世代の農業者を育てるため、子どもたちに遊び場として水田を使ってもらうこと。今の日本人が失ってしまった動植物に対する感覚を、多少は取り戻せるのではないか。

（構成・印南志帆）

神門善久（ごうど・よしひさ）
1962年生まれ。94年京都大学博士（農学）。2006年から現職。主著に『日本の食と農』『日本農業への正しい絶望法』『日本農業改造論』など。

「国が進めるコメの減反政策はチグハグだ」

キヤノングローバル戦略研究所　研究主幹・山下一仁

農業の世界は多くのウソがまかり通っている。ほとんどの国民が農業と縁がない中、国やＪＡ（農業協同組合）の主張が鵜呑みにされているのだ。

中でも最も信じられているのが、「日本の食料自給率が低いのは問題だ」という言説。自給率は国内生産を国内消費で割ったものだから、消費が拡大すれば自給率は下がるもの。終戦直後の食料不足期は、国民が飢えていても輸入が途絶していたので自給率は１００％だった。

こうした欺瞞があるにもかかわらず、農業者や国は「自給率を上げるために国産の農産物を振興しよう」という話にすり替え、農業予算を増やして農業を保護してきた。しかも、それで自給率が上がったかというとむしろ下がっている。もし実際に上がれば予算が取れなくなるから、農林水産省はむしろ困ってしまうだろう。

あまり指摘されていないが、国産農産物の生産を拡大するために莫大な予算が投じられている。国は年間2300億円の予算を投じて小麦や大豆を生産させているが、生産量は130万トンに満たない。しかも、国産の小麦は品質が安定しないので製粉会社は使いたがらない。このお金があれば、1年の消費量に当たる700万トンの小麦を輸入できる。

家畜の餌となる餌米の生産振興も同様だ。年間950億円の減反補助金をつけて主食用米から餌米への転作を奨励し、生産されるのは66万トン。同じ財政負担で400万トンのトウモロコシを輸入できる。非常に無駄なことだ。

矛盾しているのが、国は食料危機や低自給率の問題をあおる一方で、国民にとって最も必要なカロリー源であるコメの生産を減反政策によって減らしてきたことだ。

農水省が示した2022年度産のコメの生産目標は675万トンで、「これ以上作ってはいけない」としている。有事にシーレーン（海上交通路）が途絶して畜産物などの食料が輸入できなくなったとき、国民はこの量のコメでどうやって生きればいいのか。終戦直後のコメの配給量は1日1人当たり2合3勺だが、これを今の日本の人口に置き換えると年間1600万トンと倍以上のコメが必要になる。

コメの国内需要が減っている以上、生産量を減らさざるをえないというが、これは国内市場しか見ていない主張だ。輸出すればいい。輸出先として有力なのが中国だ。中国のコメの消費量は年間で2億トン近くある。日本の約20倍の市場だ。以前はインディカ米のような長粒種が食べられていたが、今は日本米のような短粒種が3〜4割を占めている。生のコメを中国に輸出するにはまだ検疫上の制限があるため、規制緩和が必要だが、レトルト食品なら問題ない。今後の可能性はあるだろう。

輸出する食料は、食料危機のときの備蓄になる。しかも、倉庫に入れておくのと異なり、平時には儲かる備蓄だ。

（構成・印南志帆）

山下一仁（やました・かずひと）
1955年生まれ。77年東京大学卒業後、農林省（当時）に入省。2009年キヤノングローバル研究所客員研究員。10年から現職。農学博士。『国民のための「食と農」の授業』など著書多数。

富士通、パナソニックも不振

スマート農業の実装を阻む壁

高齢化や耕作放棄などの課題が山積する日本の農業。その再興に期待が寄せられるのが「スマート農業」だ。

作業効率化やデータを活用した農業経営の実現などを進めるテクノロジーツールの総称で、大手製造業やIT企業などが商用化を進めてきた。だが、撤退に追い込まれた事業者も多く、当初の思惑どおりには進んでいない。

富士通は2020年、クラウド型栽培管理システム「アキサイ（Akisai）」の大部分のサービス提供を終了した。東芝や大戸屋ホールディングスは植物工場事業から撤退。パナソニックは13年からトマトの収穫ロボット開発に取り組むが、いまだに「具体的な商用化のメドは未定」（広報担当者）。そのほか、ひっそりと事業から撤退した企業も少なくないとみられる。

なぜ、大手のスマート農業は不振が続くのか。JA（農協）グループのある幹部は、「大手の設計思想が農業現場のニーズとずれているからだ」と言い捨てる。

農業現場ニーズとのズレ

大手企業は高単価でハイスペックな製品・サービスをつくりたがるケースが多い。例えば、富士通が提供を終了したアキサイの生産・集約マネジメントサービスは月額4万~10万円からで、初期費用も別途必要。クボタなどの自動運転トラクターは1000万円を超える機種が目立ち、一般的なトラクターと比べると5割以上の価格差となる場合もある。

だが、農家の支出余力は乏しい。農林水産省の農業経営統計調査（20年時点）では、全国の稲作・畑作農家の平均営業損益は赤字で、補助金などの営業外収益で補填している。農水省や自治体は補助金支給などにより、スマート農業の導入を促している。

■スマート農業の製品・サービスは3つに大別される

製品・サービス	ドローンや センサー	クラウド型生産管理や 生育予想 アプリケーション	収穫ロボットや 植物工場
主な用途	農家の目 モニタリング 代行	頭脳 AI・ICT システムの活用	手 栽培・収穫作業 の効率化

（出所）取材を基に東洋経済作成

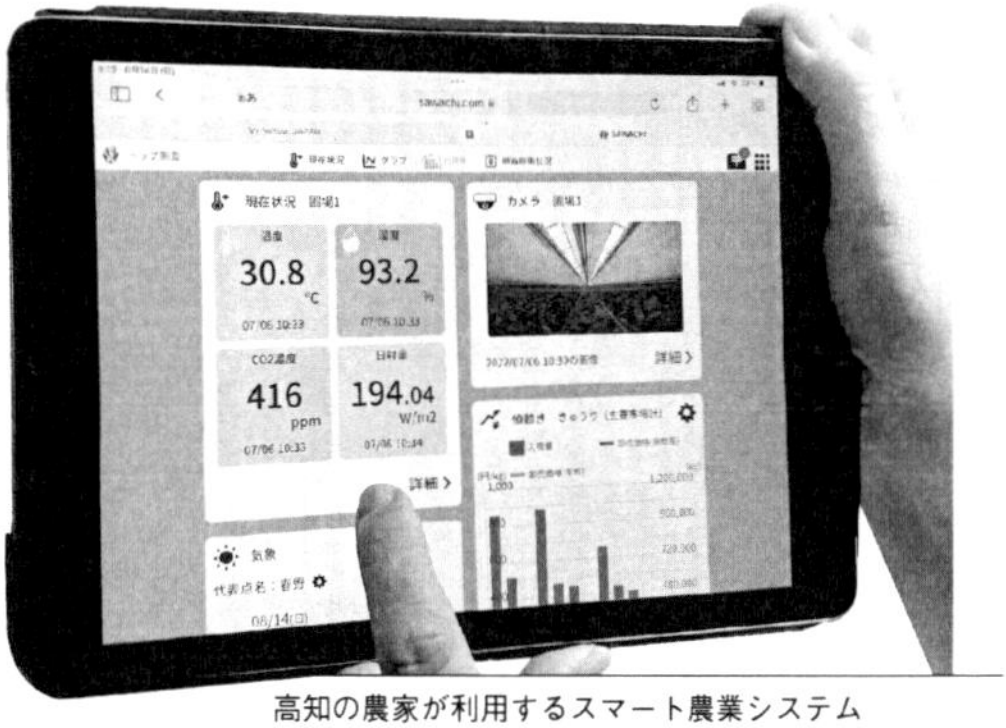

高知の農家が利用するスマート農業システム

スマート農業は広がっていない。日本農業法人協会が2021年に実施した大規模法人農家向けの調査によると、1つ以上のスマート農業製品・サービスを導入している農家は全体の54%だった。これより小規模の個人農家になると格段に少なくなるとみられる。日本総合研究所の三輪泰史エクスパートは、「日本の農業全体を100とすると、スマート農業の普及率はまだ1桁」と話す。

そもそも他業界の農業参入が加速したのは、10年ほど前。農業の規制緩和などを成長戦略の柱の1つに掲げた第2次安倍晋三政権の成立が大きかった。デジタル化が遅れている農業にテコ入れをすれば、事業を軌道に乗せられるはず、だった。

だが前出のJA関係者は、「コメやトマト、イチゴと、作物ごとに必要なソリューションが異なり細分化されるため、大手が参入するには市場規模が小さすぎる」と分析する。こうした事情から撤退を余儀なくされる大手企業が続出したというわけだ。

新たな生産方法として注目を集めた植物工場も鳴かず飛ばずだ。日本施設園芸協会の21年度調査によると、植物工場事業者のうち、48%が赤字。技術面で生産を軌道に乗せられなかったり、販売先の開拓に失敗したりするケースが多いようだ。

一方、近年は状況に変化もみられる。ベンチャー企業が登場し、大手が拾えない現場のニーズを細やかにすくい上げ、事業化する動きが活発化しているのだ。

2017年に創業したイナホ（inaho）は、アスパラガスの自動収穫ロボットを無償で提供。収穫高に応じて一定の利用料をもらう事業モデルでシェアを拡大しつつある。農家は投資金額を抑えつつ業務効率化を図れる。

自治体発のユニークな取り組みもある。高知県やJAグループが旗振り役となった独自の農業クラウドサービス「サワチ（SAWACHI）」が、2022年9月から本格始動する。

サワチは、高知県の農家が参加できる、農業経営に関するプラットフォームだ。気温や生育状況、出荷量、価格相場などのデータを一目で見られるほか、農家や関係者向けに情報を発信できるSNS（交流サイト）機能もある。

データは県やJAの関係者のみ閲覧可能だが、同意があれば農家同士で見せ合い、栽培技術を磨くことができる。「地域全体でデータ農業を実現すれば、収穫量の底上げが期待できる」（高知県の担当者）という。

2021年の実証段階からサワチを導入している高知市のキュウリ農家、越智史雄さんは、「近隣農家同士でサワチのデータを基に栽培法のノウハウを共有し合い、収穫量が平均10%増えた」と話す。

サワチのシステム利用料などの経費は県とJAが負担しており、農家は無料で使える（農家から一部サービス利用料徴収も検討中）。今後はほかの自治体にサワチの仕組みを提供していくことも視野に入れており、高知発の取り組みが全国に波及する可能性がある。

日本が世界から学ぶことも多そうだ。オランダはスマート農業の先進国として知られ、トマトやパプリカなどの施設栽培が盛ん。日本の4割の農地面積しかないものの、世界の農作物輸出額（18年）では米国に次ぐ2位で、世界全体の約7%（日本は0・3%）を占める。日本でもスマート農業の実装を進められれば、生産量を維持する、または増加させることも不可能ではない。

就業人口が減少の一途をたどる中、農業の省人化や効率化は待ったなしの状況だ。現場のニーズに即したスマート農業を企業や自治体などが提案できるかどうかが、日本農業の浮沈を占う。

（高野馨太）

INTERVIEW　食・水・エネルギーに国家のレジリエンスを

「日本の〝食と農〟は脆弱　都市型農業を構築せよ」

日本総合研究所　会長・寺島実郎

戦後日本はものづくりと貿易で外貨を稼ぐ「工業生産力モデル」を追求する一方、食料と農業を他国に任せる国際分業を進めた。とくに都市部で脆弱な「日本の食」の現状に、日本総合研究所会長の寺島実郎氏は警鐘を鳴らす。

――ウクライナ戦争を発端に世界で食料危機が叫ばれています。

なぜウクライナが戦争で持ちこたえているのかも含めて、日本の国家としてのレジリエンス（有事に耐えうる回復力）を改めて考え直さないといけない。

人間は食料と水、エネルギーの基盤インフラが安定していることが重要だ。その基盤が不安定だと、心が乱れ、不安感やパニックが生じ、国が混乱しかねない。とくにＳＮＳが発達した現代は情報が拡散しやすく、時にはフェイクニュースによって、国家のレジリエンスに関わる重大な問題となりうる。

日本の食料自給率はカロリーベースで38％（2021年度）という数字が報道などでよく出てくるが、外部構造と内部構造をしっかりと整理して考える必要がある。

外部構造、つまり日本が外からどれだけ食料を輸入しているかというと、年間約7兆3800億円だ。その内訳は、魚介類が20・5％、肉類が21・1％、穀物類が13・4％、野菜が7・2％で果実が7・6％と続く。要するに魚と肉、穀物で5割以上。とくに、日本にとって問題となりうるのが穀物だ。家畜用の飼料としての穀物の輸入ができなくなってしまうと、家畜を育てることに支障が生じる。

ただ、今回ウクライナ危機で問題になっている小麦の輸入先を見ると、トップ3は米国（45％）、カナダ（36％）、豪州（19％）。これらの国との関係は極めて安定している。さらに、米国から大豆の75％、トウモロコシの73％を輸入している。一言で言えば、日本の穀物は米国依存なので、輸入が途絶するリスクはないという議論がある。

一方、過剰なまでの米国依存が非常に脆弱性をはらんでいるという見方もある。私は健全な危機意識を持つことが重要と考えており、世界で大きな構造変化が起きたときに、米国が安定的な供給先であり続けるのかということはつねに考えないといけないと思う。

――数字を追うことで、問題の本質が見えてきます。

日本の食と農の問題を考えるうえで、むしろ私が重視しているのは内部構造だ。都道府県別の食料自給率で見ると、北海道が高いのは言うまでもないが、東京はゼロだ。神奈川は2％で、埼玉でも10％しかない。いわゆる大都市圏の食料自給率が極端に低いことが浮き彫りになるが、都市部で食料をめぐるパニックなどが起こらないのはなぜか。これは、地方から都市部へ食料を運ぶ物流がカギを握っている。

今般のコロナ禍でも物流は何とか機能したわけだが、有事の際にそれが機能しない状況になった場合、どうなるのか。日本の敗戦直後のように、リュックを背負って郊外に出かけて、野菜などを買い出しに行かないといけないような状況に戻ってしまいかねない。

東京の食料自給率はゼロ
—都道府県別の食料自給率—

順位	都道府県	食料自給率（%）
1	北海道	217
2	秋　田	200
3	山　形	143
4	青　森	125
5	新　潟	111
6	岩　手	105
42	愛　知	11
〃	京　都	11
44	埼　玉	10
45	神奈川	2
46	大　阪	1
47	東　京	0
	全　国	37

(注)2020年度概算値、カロリーベース
(出所)農林水産省

都市新中間層の危うさ

戦後日本というのは、大都市圏に産業と人口を集積させて工業生産力モデルの優等生としての国家モデルを形づくったわけだが、ここで生まれたのが「都市新中間層」という人々だ。

地方からストローのように人口を吸収して、団地やニュータウンに効率的に住まわせる。食料についても「海外から買ったほうが安くて得」という選択肢を取り、農業人口をどんどん減らしていった。行き着いた先は、大都市を取り巻く食料自給率ゼロの輪だ。

都市新中間層の最たる危うさは、お金さえ出せば食べ物が買える、つまり「食料はお金を出して買うものだ」という認識でいることだ。このメカニズムがいったん狂ったら、あっという間にパニックに陥ってしまう。だからこそ、東京、名古屋、大阪を取り巻くエリアに、都市型農業の基盤をつくっていくことがたいへん重要になる。

――都市部で農業生産を行うということでしょうか。

生産だけではない。生産、加工、調理、流通のバリューチェーンに参画して、食と農に対する問題意識を共有することが重要となるだろう。ここで言いたいのは、「みんなで頑張って食料自給率を高めよう」「これからは農業をやりましょう」というような単純な話ではない。バリューチェーン全体を見つめて、新しい発想とシステムで、どのように付加価値を創出していくのか。これこそが日本の食と農において必要な問題意識だと思う。

都市新中間層の心のレジリエンスの側面から考えたときに、バリューチェーンへの参画を通じて、「人間は生きていくために食がいかに大事か」ということを実感することも重要な視点だ。食と農というのは人間のファンダメンタルズ（基礎）に関わる部分だからだ。

当然、土地も人件費も高い都市近郊で、農業をビジネスとして成功させるのは容易ではない。それには、例えば付加価値の高い作物を栽培する流れになるだろうし、また発電能力を持った高付加価値ビニールハウスで売電収入を得ながら農業に立ち向かうなど、あらゆる知恵と人材、技術が必要になる。
これからの日本において、国家のレジリエンスとして、食と農をより安定した基盤に持っていく必要がある。そのためには、新しい技術を注入しながら都市型農業の基盤づくりをするなど、食のバリューチェーンをしっかりと再設計していくことが重要なポイントになるだろう。

（聞き手・秦　卓弥）

寺島実郎（てらしま・じつろう）
1947年生まれ。米国三井物産ワシントン事務所長、三井物産常務執行役員などを経て2016年6月から現職。多摩大学学長も務める。著書多数。

【週刊東洋経済】

本書は、東洋経済新報社『週刊東洋経済』2022年9月3日号より抜粋、加筆修正のうえ制作しています。この記事が完全収録された底本をはじめ、雑誌バックナンバーは小社ホームページからもお求めいただけます。

小社では、『週刊東洋経済eビジネス新書』シリーズをはじめ、このほかにも多数の電子書籍ラインナップをそろえております。ぜひストアにて「東洋経済」で検索してみてください。

『週刊東洋経済eビジネス新書』シリーズ

No.406　電池　世界争奪戦
No.407　定年格差　シニアの働き方
No.408　今を語る16の視点　2022
No.409　狙われる富裕層

No.410　ライフシフト超入門
No.411　企業価値の新常識
No.412　暗号資産＆ＮＦＴ
No.413　ゼネコン激動期
No.414　病院サバイバル
No.415　生保　最新事情
No.416　Ｍ＆Ａマフィア
No.417　工場が消える
No.418　経済超入門　２０２２
No.419　東証　沈没
No.420　テクノロジーの未来地図
No.421　年金の新常識
No.422　先を知るための読書案内
No.423　欧州動乱史

No.424　物流ドライバーが消える日
No.425　エネルギー戦争
No.426　瀬戸際の地銀
No.427　不動産争奪戦
No.428　インフレ時代の資産運用&防衛術
No.429　人口減サバイバル
No.430　自衛隊は日本を守れるか
No.431　教員不足の深層
No.432　ニッポンのSDGs&ESG
No.433　独走トヨタ　迫る試練
No.434　変わる相続・贈与の節税
No.435　東芝の末路

週刊東洋経済eビジネス新書　No.436
食料危機は終わらない

【本誌（底本）】
編集局　秦　卓弥、印南志帆、森　創一郎
デザイン　池田　梢、小林由依
進行管理　下村　恵
発行日　２０２２年９月３日

【電子版】
編集制作　塚田由紀夫、長谷川　隆
デザイン　大村善久
制作協力　丸井工文社
発行日　２０２３年１０月５日　Ver.1

発行所　〒103-8345
東京都中央区日本橋本石町1-2-1
東洋経済新報社
電話　東洋経済カスタマーセンター
03(6386)1040
https://toyokeizai.net/
発行人　田北浩章

※本刊行物は、電子書籍版に基づいてプリントオンデマンド版として作成されたものです。